生态资源大扫描

SHENGTAI ZIYUAN DASAOMIAO

廖胜根 编著

中国出版集团
现代出版社

图书在版编目（CIP）数据

生态资源大扫描／廖胜根编著．— 北京：现代出版社，2012.9（2024.1）
（未来科学家·科学的天梯）
ISBN 978－7－5143－0693－4

Ⅰ．①生… Ⅱ．①廖… Ⅲ．①生态环境－环境保护－青年读物②生态环境－环境保护－少年读物③自然资源－资源利用－青年读物④自然资源－资源利用－少年读物 Ⅳ．①X171.1－49②F062.1－49

中国版本图书馆 CIP 数据核字（2012）第 170127 号

生态资源大扫描

编　　著	廖胜根
责任编辑	张桂玲
出版发行	现代出版社
地　　址	北京市安定门外安华里 504 号
邮政编码	100011
电　　话	010－64267325　010－64245264（兼传真）
网　　址	www.1980xd.com
电子信箱	xiandai@vip.sina.com
印　　刷	三河市人民印务有限公司
开　　本	710mm×1000mm　1/16
印　　张	14.5
版　　次	2012 年 10 月第 1 版　2024 年 1 月第 9 次印刷
书　　号	ISBN 978－7－5143－0693－4
定　　价	59.80 元

前言 PREFACE

生态资源大扫描

千万年来，大自然给人类带来瑰丽自然风光的同时，也带来了丰富的生态资源。但生态资源并非取之不尽，用之不竭，尤其是近些年人类对生态资源的过度采伐、挖掘和利用，改变了自然的生态系统，使人类面临着森林面积锐减、淡水资源匮乏、气候变暖、土地荒化等威胁人类生存的问题。

早在1962年，美国生物学家蕾切尔·卡逊就出版了一本叫“寂静的春天”的书，书中阐释了农药杀虫剂DDT对环境的污染和破坏作用。由于该书的警示，美国政府于1970年成立了环境保护局，并通过了禁止生产和使用剧毒杀虫剂的法律。因此，被称为是人类对生态环境保护的起点。1972年6月，由联合国发起，在瑞典斯德哥尔摩召开“第一届联合国人类环境会议”，提出了著名的《人类环境宣言》。环境保护事业正式引起了世界各国政府的重视。我国的环境保护事业也从1972年开始起步，1973年成立了国家建委下设的环境保护办公室，后来改为由国务院直属的部级国家环境保护总局。在2008年“两会”后，环保总局升格为“环保部”，并对全国的环境保护实施统一的监督管理。环境保护已成为全国上下的共同认识。

在这一背景下，我们组织编写了《生态资源大扫描》这本书。目的是进一步认识人类的生态资源，更好地保护人类的生态家园，并逐步恢复我们赖以生存的生态系统。

本书分九个部分，对地球上的生态系统、生态系统的物质循环、自然资源及其分类、生态系统的类型、生态平衡、生态因子的生态作用、生物的生态作用、生物多样性及其保护、我国自然资源现状分别进行了介绍。如果读完这本书，能够认识到我国生态资源虽然丰富，但人均资源占有量又相对较少，从而，使人们认识到应该从点滴做起，保护我们的环境，那么出版这本书的目的也就达到了。

人类和自然生态资源，永远密不可分。人类不能选择脱离生态资源的道路，只能选择既有利于自身发展又能较好保护生态平衡的方法。人类要尊重自然生态资源，树立人类与生态资源是一个相互依存的整体观念，与自然生态和谐相处，才能获得真正的、持续的、健康的发展。

目录

CONTENTS

生态资源大扫描

SHENGTAI ZIYUAN DASAOMIAO

地球上的生态系统

生态系统的概念 …… 2

生态系统的组成 …… 5

生态系统的结构 …… 7

生态系统的功能 …… 10

生态系统的物质循环

水循环 …… 24

碳循环 …… 26

氮循环 …… 28

磷循环 …… 32

硫循环 …… 33

养分循环 …… 35

自然资源及其分类

生态环境与自然环境 …… 40

自然资源圈 …… 42

大气圈 …… 46

水　圈 …… 53

生物圈 …… 54

地　壳 …… 57

地幔和地核 …… 58

矿产资源 …… 59

土地资源 …… 63

森林草地资源 …… 67

淡水资源 …… 70

海洋资源 …… 71

气候资源 …… 78

生物资源 …… 82

生物群落的分类 …… 86

生态系统的类型

森林生态系统 …… 96

草地生态系统 …… 103

荒漠生态系统 …… 106

湿地生态系统 …… 108

河流生态系统 …… 117

海洋生态系统 …… 119

生态平衡

生态平衡的概念 …… 124

生态平衡的建立 …… 125

生态消长…… 126
生态因素…… 127
生态幅度…… 128
生态效益…… 129
生态失调…… 130

生态因子的生态作用

环境与生态因子…… 134
生物与光…… 141
生物与温度…… 151
生物与水…… 157
生物与大气…… 166
生物与土壤…… 170
生物对环境的适应…… 182

生物的生态作用

森林植被的生态效应…… 186
海洋生物的生态效应…… 188
淡水生物的生态效应…… 190
土壤生物的生态效应…… 191
草原植被的生态效应…… 193

生物多样性及其保护

生物多样性的概念…… 196
生物多样性的现状…… 201

我国自然资源现状

我国自然资源特点…… 208
我国自然资源面临的挑战…… 212

生态资源大扫描

地球上的生态系统

SHENGTAI ZIYUAN DASAOMIAO

生态系统指由生物群落与无机环境构成的统一整体。生态系统的范围可大可小，相互交错，像森林、草原、沙漠、湖泊、海洋、农田、城市都是生态系统。最大的生态系统是地球生物圈。最为复杂的生态系统是热带雨林生态系统。人类主要生活在以城市和农田为主的人工生态系统中。本章讲生态系统的概念、组成、结构和功能。

生态系统的概念

什么是地球的生态系统，我们得从地球上的生物物种说起。

在地球生物圈中，有很多很多种生物。关于物种的数量还没有明确答案，众说不一。科学家们已经发现并命名的生物有 100 多万种。有人说地球上有 500 多万种生物，但又有报告称，光亚马孙河流域的原始森林中，就可能有 800 多万种生物。由此，估计全球现存的物种大约有 1000 万种。还有一些科学家认为全球有 3700 万种生物。如果追算已经灭绝的物种，地球从其诞生之日至今共出现过 5 亿 ~ 10 亿种生物。

这些生物都必须存在于一定的环境中，如一片森林，一块草原，一条河流。人们把某一种生物所有个体的总和叫作“种群”，把生活在某一特定区域内由种群组成的整体叫“群落”。群落与它相互作用的环境合起来就是生态系统。1935 年，英国植物生态学家坦斯列提出了生态系统的概念。后来，美国生态学家奥德姆给生态系统下了一个更完整的定义：生态系统是指生物群落与生存环境之间，以及生物群落内的生物之间密切联系、相互作用，通过物质交换、能量转化和信息传递，成为占据一定空间、具有一定结构、执行一定功能的动态平衡整体。简言之，在一定空间内生物群落与非生物环境相互联系、相互作用所构成的统一体，就是生态系统。即生态系统 = 生物群落 + 无机环境。根据这一定义，一个池塘、一块草地、一片森林或一座城市都是一个生态系统。所以说，生态系统是指一定时间内存在于一定空间范围内的所有生物与其周围环境所构成的一个整体，例如一片森林就是一个生态系统。森林中有狼有虎，有鹿有兔，有松有柏，有花有草，还有各种微生物。狼有狼的种群，鹿有鹿的种群，也就是说各种动物都有各自的种群；松有松的种群，花有花的种群，即各种植物有各自的种群；各种微生物也有各自的种群。所有的动物种群、植物种群和微生物种群合起来构成群落。群落中的所有生物和环境合起来就构成森林生态系统。

不光森林，草原、沙漠、湖泊、海洋、农田、城市都是生态系统。整个地球生物圈也是一个大的生态系统。

生态系统都是由生物因素和非生物因素两部分组成。非生物部分包括阳光、空气、水分、土壤等各种物理的和化学的因素；生物部分又可分为生产者、消费者和分解者三类。

生产者是指绿色植物，包括草、树、庄稼、藻类。它们能够吸收空气中的二氧化碳，同时汲取土壤中的水分和矿物营养元素，借助太阳光能合成有机物，并提供给其他生物。

和谐的草原生态系统

消费者是指各种动物和人。它们自己不会利用太阳光合成有机物，生存依靠吃生产者为主。

分解者是细菌和酶。它们把生态系统中消费者和生产者的尸体分解成水、二氧化碳和营养元素，还给大气和土壤，再供生产者使用。

地球上的生态系统分类很多，如，可以简单地分为陆地生态系统和水域生态系统。陆地生态系统又可分为森林生态系统、农田生态系统、荒漠生态系统、草原生态系统以及冻原生态系统等等。水域生态系统又可分为海洋生态系统和淡水生态系统。

生态系统是一种有生命的系统，它与其他的系统比较，具有以下特点：

1. 生态系统中必须有生命存在。生态系统的组成不仅包括无生命的环境组分，还要包括有生命的生物组分。只有在有生命的情况下，才有生态系统的存在。

基本小知识

环 境

环境既包括以空气、水、土地、植物、动物等为内容的物质因素，也包括以观念、制度、行为准则等为内容的非物质因素；既包括自然因素，也包括社会因素；既包括非生命体形式，也包括生命体形式。环境是相对于某个主体而言的，主体不同，环境的大小、内容等也就不同。

2. 生态系统具有一定地区特点的空间结构。生态系统通常与特定的空间相联系，不同空间有不同的环境因子，从而形成了不同的生物群落，因而具有一定的地域性。正所谓“一方水土，养育一方人”。

3. 生态系统具有一定的时间变化特征。由于生物具有生长、发育、繁殖和衰亡的特性，使生态系统也表现出从简单到复杂、从低级到高级的更替变化规律。

4. 生态系统的代谢活动是通过生产者、消费者和分解者这三大功能类群参与的物质循环和能量转化过程而完成的。

5. 生态系统处于一种复杂的动态平衡之中。生态系统中有生物种内、种间以及生物与环境之间的相互关系，这些关系不断发展变化，使生态系统处于一种动态平衡之中。任何自然力和人类活动对生态系统中的某一环节或环境因子的影响，都会导致生态系统的剧烈变化，从而影响系统的生态平衡，如过度砍伐森林、大面积

拓展阅读

人类与环境

我们与环境之间无时无刻不在进行着交流。我们呼吸的空气来自身边的大气。我们饮用的水源于大自然的江河。我们吃的食物是从土地中生长起来的。而环境污染直接毒害的就是空气、水和土地。

环境科学涉及的领域极为宽广。目前在世界上，保护环境和自然资源被认为是保障人们的生理健康、心理健康、教育机会、就业机会的基础，也是保障社会安全、人与人之间友好互助、消除贫困、消除战争的基础。因此，环保已成为当今世界保障人类的生存和发展的重要内容。

围湖造田。

6. 各种生态系统都是程度不同的开放系统。生态系统不断从外界吸入物质和能量，经过转化变为输出，从而维持着生态系统的有序状态。各种生态系统的最重要的外界输入是太阳光能。

生态系统的组成

生态系统包括生物组分和无机环境组分两大部分。其中的生物组分包括生产者、消费者、分解者三大功能类群；环境组分则是指生态系统的物质和能量来源，即生物活动的 3 种基质（大气、水、岩石土壤）以及参与生理代谢的各种环境要素，如光、温、水、氧、二氧化碳和矿质养分等。生态系统内生产者、消费者、分解者和无机环境之间存在着非常密切的关系，通过彼此之间的物质转化、能量流动和信息传递，来实现生态系统的功能。

生机勃勃的绿色生产者

◎生产者

生产者是指自养生物，主要包括绿色植物和一些化能合成细菌。这些生物能利用自然界的无机物合成有机物，并在环境中通过太阳辐射能或化学能转化成生物化学能贮藏在生物有机体中。其生产的产品是其他生物的食料和能源。因此，人们把生产者的这种同化过程又称为初级生产。相应的，生产者又称为初级生产者。初级生产是生态系统中无机物质和太阳辐射能进入其物质循环和能量转化过程的关键。初级生产水平的高低，直接影响到生态系统的存在与发展。

◎消费者

消费者是指除微生物以外的异养生物，主要指的是各种动物。它们不能自食其力，必须以消费其他生物或生物残体为生。根据食性不同，消费者又可分为草食性消费者（如马、牛、羊）、肉食性消费者如（虎、蛇、鹰）和杂食性消费者（如猪、鸡、鸭）。其中，草食性消费者以直接吃食植物的枝、叶、果实、种子和植物的其他凋落物而获得营养，故又称为初级消费者；肉食性消费者以草食性消费者为食物来源，因而又称次级消费者。杂食性消费者是既食植物，又食肉，是高级消费者。生态系统中的消费者，除主要的草食性消费者、肉食性消费者和杂食性消费者三大类外，还有腐食性消费者（如鹫）和寄生性消费者（如跳蚤）两大类。这类消费者虽然不是有机物的最初生产者。但在推动生态系统的物质循环和能量转化过程中，也是一个极为重要的环节。

食草型消费者

◎分解者

分解者是指细菌、真菌和放线菌等异养微生物，并包括一些原生动物和微小的腐食动物（如甲虫、白蚁和蚯蚓等）。它们在生长发育过程中，把复杂的动植物残体或排泄物中的有机物分解成无机物，同时把有机物中的化学能转化为热能，并将这些无机物和热能再释放归还到环境中。分解者在生态系统的能量转化和物质循环利用中也具有重要意义，特别是在营养循环利用、废物消除和土壤肥力形成中起着巨大的作用。

不管是消费者或分解者的生产都依赖于初级生产，所以它们的生产又称为次级生产，因此其本身又称为次级生产者。

◎ 环境组分

环境是生态系统物质和能量的来源，包括生命活动的三种基质：大气、水、土壤和岩石，以及参与新陈代谢的光、温、水、二氧化碳、氧气和各种矿质营养元素。这些环境因素都是潜在的生产力，虽然其自身不能构成产品，但生物却可以从这里获得物质和能量，得到生活保证，因而直接关系到生物群落的存在和发展。

基本小知识

地球

地球是太阳系从内到外的第三颗行星，也是太阳系中直径、质量和密度最大的类地行星。住在地球上的人类又常称呼地球为世界。

地球的矿物和生物等资源维持了全球的人口。地球上的人类分成了大约200个独立的主权国家。它们通过外交、旅游、贸易和战争相互联系。人类文明曾有过很多对于这颗行星的观点，包括神创造人类、天圆地方、地球是宇宙中心等。

生态系统的结构

构成生态系统的各个组分，尤其是生物组分的种类、数量和空间配置，在一定时期内通过相互联系和相互作用而处于相对稳定的有序状态。人们通常把生态系统构成要素的组成、数量及其在时间、空间上的分布和能量、物质转换循环的有序状态，称为这一时期的生态系统结构。

◎ 生态系统的形态结构

生态系统的形态结构是指生态系统的生物种类、种群数量、种的空间配置（水平分布和垂直分布）和群落的时间变化（发育和季相）。例如，在一个特定边界的森林生态系统中，其动物、植物和微生物的种类和数量基本上是稳定的。同时，在空间分布上，自上而下存在明显的成层现象，即地上有乔木、灌木、草本和苔藓；地下有浅根系、深根系及其根际微生物。

在森林中栖息的各种动物，也都有各自相对固定的空间位置，如许多鸟类在树上营巢，不少兽类在地面筑窝，鼠类则在地下掘洞栖息。从水平分布看，林缘、林内植物和动物的分布也明显不同。此外，从时间变化看，随着春夏秋冬的季节变化，动植物和微生物的生长发育发生相应的变化，并使整个森林生态系统出现春夏绿树成荫、鸟语花香，秋冬落叶满地、鸟兽休眠的季相交替。

生态系统的形态结构是生态系统作为一个统一整体的基本骨架，不仅影响着生态系统营养结构的形成，而且对系统内的能量转化方式、物质循环利用和信息传递途径都会产生导向作用。

◎ 生态系统的营养结构

生态系统的营养结构，是指生态系统各组分之间建立起来的营养供求关系。当从食物对象的角度研究营养结构时，生态系统的营养结构实质上是由生物食物链形成的食物网构成。

食物链：食物链即是指生态系统中生物成员间通过吃与被吃方式而彼此联系起来的食物营养供求序列。例如，在草原生态系统中，野兔吃青草、狐狸吃野兔、狼吃狐狸，就构成了“青草—野兔—狐狸—狼”的食物链。食物链作为生态系统营养结构的基本单元，是系统内物质循环利用、能量转化和信息传递的主要渠道。食物链上每一个食性级称为一个营养级。上例中青草为第一营养级，野兔为第二

食物链

营养级，依此类推，分别用符号 T_1、T_2、T_3……表示。

由于食性不同，食物链常被划分成下列 4 种类型：(1) 捕食性食物链，又称活食食物链或草牧链。它是以直接消费活有机体或其组织和器官为特点的食物链。例如，湖泊中存在的藻类—甲壳类—小鱼—大鱼食物链，便属捕食食物链类型。(2) 腐食食物链，又称残渣食物链或残屑链。它是以有机体或排泄物为食物，通过腐烂、分解，将有机物分解为无机物的食物链。例如森林中存在的枯枝落叶经蚯蚓变成有机颗粒或碎屑，然后经真菌、放线菌分解而成为简单有机物，最后被细菌分解成无机物，便属腐食食物链类型。(3) 混合食物链，又称杂食食物链。这种食物链的特点在于构成食物链的多个环节中，既有活食食物链环节，又有腐食食物链环节。例如，草原中存在的植物—草食动物—粪便—蚯蚓—鸟类食物链，便属混合食物链。④寄生食物链。它是以寄生的方式取食生物活体的组织或器官而构成的食物链。例如哺乳类或鸟类—跳蚤—原生动物—细菌—过滤性病毒食物链，便属寄生食物链类型。此外，自然界还有很多种能捕食动物的植物，如瓶子草、猪笼草、捕蝇草等。它们能捕捉小甲虫、蛾、蜂，甚至青蛙。这些植物将诱捕到的动物进行分解，产生氨基酸后再吸收利用，这是一种非常特殊的食物链。

食物网：食物网即是指由多条食物链相连而成的食物供求网络关系。在生态系统中，各种生物之间吃与被吃的关系，往往不

你知道吗

人类生存三要素

在我们的物质生活越来越丰富的今天，不能忘了，对我们的生命至关重要的东西其实只有三样，那就是：干净的空气、清洁的淡水和肥沃而没有受到污染的土壤。我们随时都在呼吸，不断需要喝水，一日要吃三餐饭。如果空气、水和土壤被污染了，毒素就会进入我们的身体，我们的生命将不再安全。环保要做的事情就是：保护空气、水和土壤的洁净。这是我们生存必须依赖的三要素，缺一不可。

地球上的动物、植物和微生物也依靠这三要素而生存。只要空气、水和土壤没有受到污染，万物就能够欣欣向荣地生长和繁衍。因此，保护好了地球环境三要素，才有保护地球生物物种的基础，也就是保护生物多样性的基础。

是单一的，营养级常常是错综复杂的。食物网的形成就是由于一种生物常常以多种食物为食，而同一种食物往往被多种生物取食所致。

食物网现象及其规律的揭示，在生态学上具有以下重要意义：①食物网在自然界是普遍存在的。它使生态系统中的各种生物成分之间产生直接或间接的联系。②食物网中的生物种类多、成分复杂，也就是说食物网的组成和结构往往具有多样性和复杂性，这对于增加生态系统的稳定性和持续性非常重要。③食物网在本质上体现生态系统中生物之间一系列反复吃与被吃的相互关系。它不仅维持着生态系统的相对平衡，而且是推动生物进化、促进自然界不断发展演变的强大动力。

基本小知识

环 境

环境是指周围所在的条件，对不同的对象和科学学科来说，环境的内容也不同。对生物学来说，环境是指生物生活周围的气候、生态系统、周围群体和其他种群。对文学、历史和社会科学来说，环境指具体的人生活周围的情况和条件。对建筑学来说，是指室内条件和建筑物周围的景观条件。对企业和管理学来说，环境指社会和心理的条件，如工作环境等。对热力学来说，是指向所研究的系统提供热或吸收热的周围所有物体。对化学或生物化学来说，是指发生化学反应的溶液。

生态系统的功能

生态系统具有能量流动、物质循环和信息传递三大功能。能量流动和物质循环是生态系统的基本功能；信息传递在能量流动和物质循环中起调节作用。能量和信息依附于一定的物质形态，推动或调节物质运动，三者互相联系，不可分割。

◎能量流动

能量来源

生态系统的能量来源主要包括太阳辐射能和辅助能两大部分。

太阳辐射能是生态系统能量的主要来源。太阳辐射能在生态系统中的效应因波长不同而异。在占太阳辐射能99%的主要波长（0.15～4微米）范围内，波长0.4～0.76微米为可见光，约占总辐射量的50%；波长大于0.76微米为红外线，约占总辐射量的43%；波长小于0.4微米为紫外线，约占总辐射量的1%。其中，红外线的主要作用是产生热效应，形成生态系统中生物的自然热量环境；紫外线具有消毒灭菌的生物学效应，能为优势生物提供自然的健康保护环境；由于光是由7种不同波长的单色光组成，除绿光外，其余都是绿色植物进行光合作用的生理辐射需要，因此它是生态系统中一切生物化学能的源泉。

除太阳辐射能外，对生态系统所补加的一切其他形式的能量统称辅助能。在自然生态系统中，辅助能的作用不明显，输入量小到可以忽略不计的程度。但是，在半自然生态系统，特别是人工生态系统中，人类为了达到特定的目的，往往需要人为地引入大量辅助能，包括人工输入的各种物化能（输入系统中的有机物质或无机物质所含能量）和动力能（使用有机或无机动力所直接消耗的能量）。研究表明，农业生态系统辅助能输入量已达到整个系统能量输入总量的42.1%，高的可达61.8%。辅助能在生态系统中的作用是多方面的，概括起来主要有三项：（1）维持

拓展阅读

食物链与生态平衡

一个复杂的食物网是使生态系统保持稳定的重要条件，一般认为，食物网越复杂，生态系统抵抗外力干扰的能力就越强，食物网越简单，生态系统就越容易发生波动和毁灭。假如在一个岛屿上只生活着草、鹿和狼。在这种情况下，鹿一旦消失，狼就会饿死。如果除了鹿以外还有其他的食草动物（如牛或羚羊），那么鹿一旦消失，对狼的影响就不会那么大。

部分生物的生命。(2) 改善生物的生活环境。(3) 改变生态系统中的各种生物组分的比例关系。

能量流动途径

生态系统的能量流动，通常是沿着生产者—消费者—分解者进行单方向流动，在能量流动过程中，由于存在呼吸消耗、排泄、分泌和不可食、未采食和未利用等“浪费”现象，从而使生态系统中上一营养级的能量只有一少部分能够流到下一营养级，形成下一营养级的有机体。实际上，在生态系统中，某一营养级的采食“浪费”部分，基本上进入腐生食物链由分解者还原，并以热能的方式返回环境。

生态系统不仅能量来源有太阳辐射能与辅助能之别，而且不同来源的能量在生态系统中的流动途径也有区别。

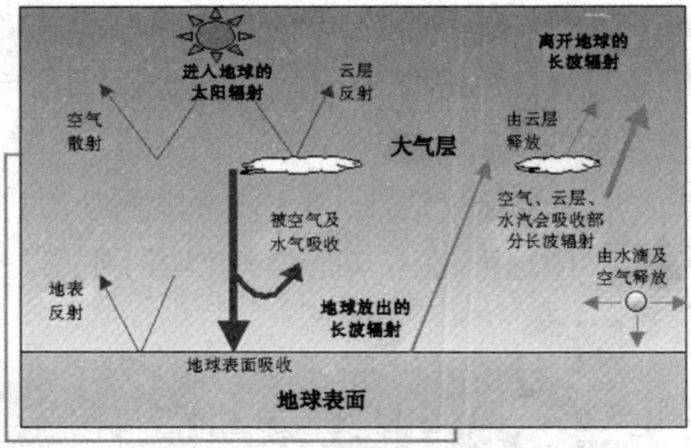

能量来源之一——太阳辐射

太阳辐射能路径：照射在生态系统绿色植物上的日光能，大约有一半可为光合机制吸收。这部分能量的1%～5%可转变为食物能（生物化学能），其余能量以热的形式离开生态系统。在植物制造的食物能中，一部分用于植物自身的呼吸消耗并以热量形式从系统中丢失，一部分作为产品输出，还有一部分作为动物或微生物的能量来源，参与系统部分能量不完全循环流动。

无机能流动路径：无机辅助能以农药、化肥、农膜、农机具及其动力等形式输入到生态系统。进入生态系统中的无机辅助能一般不能直接转化为生物化学潜能，所以大多在做功之后以热能形式散失。

能量流动基本定律

生态系统能量转化的实质就是动植物利用自己的生物学特性，固定、转化太阳辐射能为动植物产品中化学潜能的生物学过程。在转化过程中，能量不断地消耗与输出，使能量逐级减少，其转化遵循热力学第一定律、热力学第二定律和十分之一定律。

热力学第一定律（又称能量守恒定律）认为，能量可以在不同的介质中被传递，在不同的形式中被转化，但数量上既不能被创造，也不能被消灭，即能量在转化过程中是守恒的。在生态系统中，能量的转化也同样遵从热力学第一定律。例如，在绿色植物光合作用过程中，每固定 1 摩 CO_2 大约要吸收 2.093×10^5 焦的日光能，而光合产物中只有 0.469×10^6 焦的能量以化学潜能的形式被固定下来，其余的 1.624×10^6 焦的能量以热能的形式消耗在固定 1 摩 CO_2 时所做的功中。在这个过程中，日光能分别被转化为化学潜能与热能两种形式，但总量既没被创造，也没有被消灭。被固定的光合产物的化学潜能，一部分用于植物自身的呼吸消耗，一部分成为生态系统中其他生物成员的能量来源。这些化学潜能在食物链的传递过程中，又分别被转化为动能、热能等形式。尽管能量的形式不断地变化，但都可以根据热力学第一定律进行定量分析。

热力学第二定律（又称能量衰变定律或熵定律）认为，自然界的所有自发过程都是能量从集中型转变为分散型的衰变过程，而且是不可逆的过程。由于总有一些能量在转化过程中要变为不可利用的热能，所以任何能量的转化率都不可能达到 100%。生态系统中的能量转化同样遵循这一定律。始于太阳辐射的一系列能量转化过程，只有少量的能量转化为植物体或动物体的化学潜能，大部分则以热能的形式消耗在维持动植物生命活动或微生物的分解过程中。这些以热能形式散发的能量是一种毫无利用价值的能量形式，因此，生态系统的能量流动是单向的不可逆的。

十分之一定律是指在生态系统中营养级之间的能量转化，大致$\frac{1}{10}$转移到下一营养级，以组成生物量；$\frac{9}{10}$被消耗掉，主要是消费者采食时的选择浪费，以及用于呼吸和排泄。这一规律是著名的美国生态学家林德曼在明尼苏达州赛达·伯格湖的研究中发现的。这一规律说明，生态系统中的营养级之间具有稳定的数量关系。正是这种数量关系的存在，使能量在生态系统中的流动沿着生产者—草食动物— 一级肉食动物—二级肉食动物的方向逐渐减少，即能量的流量越流越细。由于生态系统中的能量转化过程服从十分之一定律，从而决定了一个生态系统的营养级数目一般只有4～5级。

生态金字塔

生态金字塔是生态学研究中用以反映食物链各营养之间生物个体数量、生物量和能量比例关系的一个图解模型。由于能量沿食物链传递过程中的衰减现象，使得每一个营养级被净同化的部分都要大大地少于前一营养级。因此，当营养级由低到高，其个体数目、生物现存量和所含能量一般呈现出基部宽，顶部尖的立体金字塔形，用数量表示的称为数量金字塔，用生物量表示的称为生物量金字塔，用能量表示的称为能量金字塔。在这三类生态金字塔中，能较好地反映营养级之间比例关系的是能量金字塔。前两者在描述一些非常规形式食物链中个别营养级的比例关系时，就会出现生态金字塔的倒置现象或畸形现象。例如，用数量金字塔表示“树木—昆虫—鸟类”食物链的营养关系时，一棵树上就可能有成千上万个昆虫以树为生，又可能有数只鸟以这些昆虫为生。这样，如用数量表示就是一个两头小中间大的畸形金字塔。用生物量金字塔表示海洋中“浮游植物—浮游动物—底栖动物”的食物链营养关系时，由于浮游植物的个体小，它们以快速的代谢和较高的周转率达到较大的输出，但生物现存量却较少，从而出现倒置的金字塔。

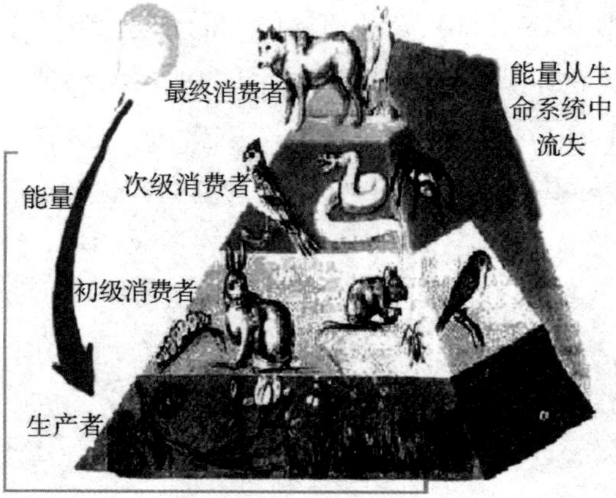

生态金字塔

◎物质循环

物质循环的概念

生态系统的物质循环，就其本质而言又称地球生物化学循环。所谓生物地球化学循环，即是指地球上的各种化学元素和营养物质在自然动力和生命动力的作用下，在不同层次的生态系统内，乃至整个生物圈里，沿特定的途径从环境到生物体，再从生物体到环境，周而复始地不断进行流动的过程。由于循环物质涉及的范围不同，生物地球、化学循环既包括地质大循环又包括生物小循环两个密切联系、相辅相成的过程。

地质大循环是指物质或元素经生物体的吸收作用，从环境进入生物有机体内，然后生物有机体以死体、残体或排泄物形式将物质或元素返回环境，进而加入五大自然圈的循环。五大自然圈是指大气圈、水圈、岩石圈、土壤圈和生物圈。地质大循环的特点是物质循环历时长、范围广，而且呈闭合式循环。例如，整个大气圈中的 CO_2 通过地质大循环，约需 300 年循环一次；O_2 约需 2000 年循环一次；水圈中的水（包括占地球表面积 71% 的海洋），通过生物圈生物的吸收、排泄、蒸发、蒸腾，约需 200 万年循环一次；至于由岩石、土壤风化出来的矿物元素，通过地质大循环循环一次则需要更长的时间，有的长达几亿年。

生物小循环是指环境中元素和物质经初级生产者吸收作用，继而被各级消费者转化和分解者还原，并返回到环境中。其中部分很快又被初级生产者再次吸收利用，如此不断地循环。生物小循环的特点是历时短、范围小，而且呈开放式循环，即在循环过程中，有一些物质和元素沿循环路线而进入地质大循环；同时部分来自地质大循环的物质和元素又进入生物小循环。

物质循环的基本类型

生态系统的物质循环按循环物质的属性不同，又可分为气相型循环和沉积型循环两大类。其中，气相型循环即是指大气圈或水圈等储藏库的营养元素或化合物可以转化为气体形式，并通过大气进行扩散，弥漫到陆地或海洋上空，在较短的时间内为植物重新利用的物质循环类型。气相型循环具有快速循环和全球性循环特点，属于相当完善的循环类型，例如二氧化碳、氮、氧等的循环和水循环。

沉积型循环是指岩石圈和土壤圈等贮藏库中保存在沉积岩里的许多矿质元素，只有当地壳抬升变为陆地后，才有可能因岩石风化、侵蚀和人类的开采冶炼，从陆地岩石中释放出来，为植物所吸收，参与生命物质的形成，并沿食物链转移；然后动植物残体或排泄物经微生物的分解作用，将元素返回环境。除一部分保留在土壤中供植物吸收外，另一部分以溶液或沉积物状态进入江河，汇入海洋，经沉降、淀积和沉岩作用变成岩石，当岩石被抬升或火山活动并遭受风化作用时，该循环才算完成。

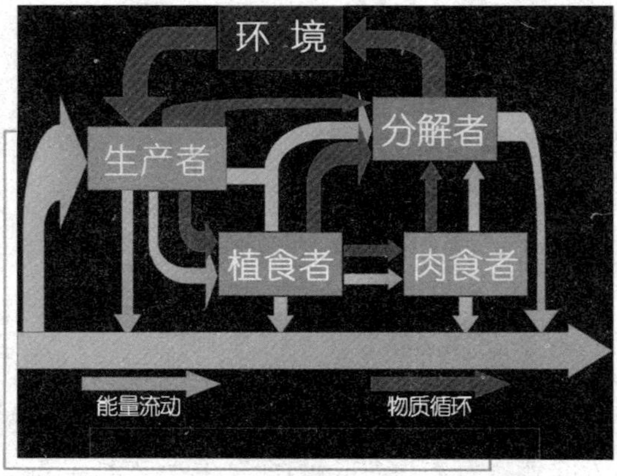

物质循环示意图

物质循环的基本原理

生态系统的物质循环遵循物质不灭定律和质能转化与守恒定律，并存在物质的生物放大作用。

物质不灭定律认为，与能量相似，物质在转化过程中只会改变形态而不会自行消灭。但是，物质循环不同于能量流动，能量衰变为热能的过程是不可变的，最终会以热能的形式离开生态系统。而物质虽然在生态系统内外的数量都是有限的，并且是分布不均的，但由于物质在生态系统中能永续地循环，因此它就可以被反复多次地利用。

质能转化与守恒定律认为，世界上不存在没有能量的物质质量，也不存在没有质量的物质能量；质量和能量作为一个统一体，其总量在任何过程中都是保持不变的守恒量。能量是生态系统中一切过程的驱动力，也是物质循环运转的驱动力。物质是组成生物、构造有序世界的原材料，是生态系统能量流动的载体。能量的生物固定、转化和耗散过程，同时就是物质由简单可给形态变为复杂有机结合形态，再回到简单可给形态的循环再生过程。因此任何生态系统的存在与发展，都是物质循环和能量流动共同作用的结果。

生物放大作用主要是指有毒物质的生物富集现象，是指物质在生态系统中沿食物链流动时，一些化学性质比较稳定的物质，被生物吸收固定后可沿食物链积累，浓度不断升高的现象。如 DDT、六六六等在自然条件下难于分解转化的农药和某些有毒的有机化合物，在生物圈内表现出很强的生物富集作用。

环境污染与食物链的生物浓缩有着直接的关系。1953 年，日本九州鹿儿岛的熊本县水俣湾附近的渔村出现了病因不明的“狂猫症”和人体的“水俣病”。成群的猫乱跳，集体跳入水中，病人则感到骨痛难忍。直到 1965 年才查明，这种病是由该市 60 千米以外的阿贺野川上游的昭和电气公司排出的含汞废水所引起的。污水中的部分汞被硅藻等浮游生物吸收，再转入食硅藻的昆虫体内；这些昆虫死亡后被活动在水底的石斑鱼吞食，汞再一次从昆虫体内转入石斑鱼体内；石斑鱼被肉食性的鲟鱼、鲶鱼吞食，使汞沿着食物链逐级富集，最后鲶鱼体内含汞量达 10 ~ 20 毫克/千克，最高者达 50 ~ 60 毫克/千克，这一浓度比原来含汞废水中的汞浓度高 1 万 ~ 10 万倍。当地人长期食用含高汞的鱼和贝类，使汞在人体内积累，当脑中汞浓度达 20 毫克/千克时即可发病，出现中枢神经破坏的水俣病症状。

物质循环的库与流

物质在运动过程中被暂时固定、储存的场所称为库。生态系统中的各个组分都是物质循环的库。因此，生态系统物质循环的库可分为植物库、动物库、大气库、土壤库和水体库等。但在生物地球化学循环中，物质循环的库可归为两大类：①储存库。它容积较大，物质交换活动缓慢，一般为非生物成分的环境库。②交换库。它容积较小，与外界物质交换活跃，一般为生物成分。例如，在一个水生生态系统中，水体中含有磷，水体是磷的储存库；

浮游生物体内含有磷，浮游生物是磷的交换库。

物质在库与库之间的转移运动状态称为流。生态系统中的能流、物流、信息流，不仅使系统各组分密切联系起来，而且使系统与外界环境联系起来。没有库，环境资源不能被吸收、固定、转化为各种产物；没有流，库与库之间不能联系、沟通，则物质循环短路，生命无以维持，生态系统必将瓦解。

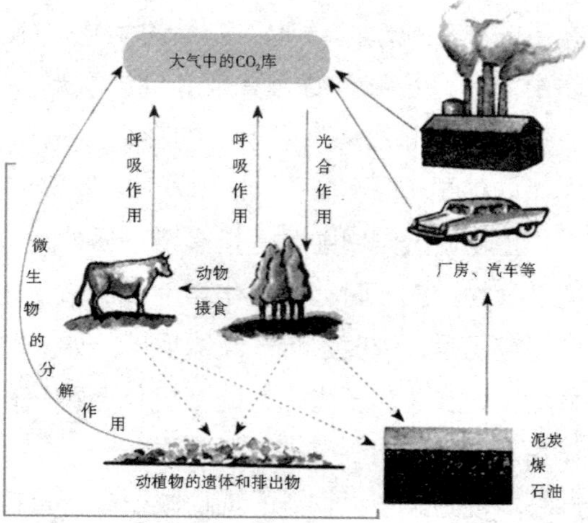

碳循环示意图

◎信息传递

信息的概念

信息是近几十年来才被人们认识和研究的。其内涵和外延极为广阔。学者们从不同的角度给予信息的定义，已经超过100种。但概括地说：信息是对事物间差异的一种抽象，是事物运动的状态以及关于这种状态的知识。因此，信息的本质是，表述了事物的运动状态和方式。它不是事物本身，但对事物做了充分的描述和表达。它提供的是情报、知识和智慧，是永不枯竭的、可再生的、无限发展的宝贵的资源。信息的价值在于，没有信息，人类就无法认识外部世界；没有信息，人类也就不可能对外部世界进行有效地改造。实质上，认识外部世界的过程就是获得外部世界信息和对这些信息加工的过程；而改造世界的过程，就是把认识和加工形成的信息用于决策，反作用于外部世界，并不断按照接受的反馈信息，修正决策信息，使之引导外部事物达到目标的过程。

信息系统包括产生信息的信源、传输信息的信道和接收利用信息的信宿。

信息的产生，或信息的发生源，称为信源；信息传递的媒介，称为信道；信息的接收，或信息的受体，称为信宿。多个信息过程交织相连就形成了系统的信息网。当信息在信息网中不断地被转换和传递时，就形成了系统的信息流。

自然生态系统中的生物体通过产生和接收形、声、色、光、气、电、磁等信号，并以气体、水体、土体为媒介，频繁地转换和传递信息，形成了自然生态系统的信息网。例如，动物的眼睛、耳朵、毛发、皮肤等都能感知，并通过神经系统做出反应，引导动物产生移动、捕食、斗殴、残杀、逃脱、迁移、性交等行为。部分植物如含羞草、捕虫草也有类似的感觉功能，从而调节着生物本身的行为。

人工生态系统保留了自然生态系统的这种信息网的特点，并且还增加了知识形态的信息，如文化知识和技术。这类信息通过广播、电视、电信、出版、邮电、计算机等方式，建立了有效的人工信息网，使科学技术这一生产力在生态系统中发挥更大的作用。

生态系统信息传递

一个生态系统是否能高效持续发展，在相当程度上取决于其信息的生产量、信息获取量、信息获取手段、信息加工与处理能力、信息传递与利用效果以及信息反馈效能；或者说取决于生态系统的信息流状态。生态系统信息传递过程主要由三个基本环节构成：信源的信息产生、信道的信息传输和信宿的信息接收。多个信息过程相连就形成生态系统的信息网。当信息在信息网中不断被转换和传递时，就形成了生态系统的信息流。

①生态系统中的自然信息流主要发生在环境与动、植物之间，植物与植物之间，植物与动物之间以及动物与动物之间。

环境与动、植物的信息关系：天体运行引起的日照时间长短、月亮和恒星的位置、地球的磁场和重力等的变化，都是生物感应的重要信息，分别可以成为植物生殖发育的信号、候鸟飞行方向的信号和植物生长方向的信号。实验表明：莴苣种子在 600 ~ 900 纳米红光（R）下发芽率很高，而在 720 ~

780 纳米的远红外光（FR）下几乎不发芽。

植物与植物间的信息联系：研究表明植物与植物之间有丰富的信息联系。例如，甘蔗、玉米、棉花能分泌一种含两个内酯的萜类化合物——独脚金酚，只要其他条件合适，浓度在 1×10^{-6}摩/升就能促进寄生植物黄独脚金 50% 的种子发芽。寄生向日葵、蚕豆和烟草的向日葵列当也有类似的情况。没有寄主的信息，寄生植物的种子在土壤中 10 年也不丧失发芽力，只要一获得寄主植物的化学信息就迅速发芽。

植物与动物之间的信息联系：植物的花通过其色、香、味来吸引传粉昆虫。植物的果实则通过其色、香、味来吸引传播种子的鸟类。研究表明，植物的花为粉红色、紫色和蓝色时，吸引较多的蜜蜂和黄蜂；黄花吸引较多的蝇类和甲虫；白花能吸引不少夜间活动的蛾类；红花则吸引较多的蝴蝶。

动物与动物之间的信息联系：动物的信息发送和接收的机制更完备，物理、化学和生物信号都可以在动物间传递。领域性动物，如雄豹，常在领域边缘用自己的尿作为警告同类不要侵犯的信息。有几百种昆虫可以向体外分泌性信息素，异性同种昆虫接受到数个信息分子，就可以产生反应，并追踪到信源，进行交配繁殖。此外，动物通过无声的身体语言和有声的发声器官语言来表达各种意图。例如，蜜蜂的“舞蹈”语言。当采了花粉的工蜂在蜂巢上面“跳舞”，其他个

广角镜

生态平衡

生态平衡是指在一定时间内生态系统中的生物和环境之间、生物各个种群之间，通过能量流动、物质循环和信息传递，使它们相互之间达到高度适应、协调和统一的状态。也就是说当生态系统处于平衡状态时，系统内各组成成分之间保持一定的比例关系，能量、物质的输入与输出在较长时间内趋于相等，结构和功能处于相对稳定状态，在受到外来干扰时，能通过自我调节恢复到初始的稳定状态。在生态系统内部，生产者、消费者、分解者和非生物环境之间，在一定时间内保持能量与物质输入、输出动态的相对稳定状态。

体在这个工蜂的后面采集有关方向和距离的信息，了解蜜源信息，然后直飞蜜源。当蜜源在附近，蜜蜂跳舞的轨迹是圆形；当蜜源的位置在 100 米以外，蜜蜂舞蹈的轨迹是第一个半圆 + 直线 + 第二个半圆。蜜蜂用摆尾频率作距离信号，摆动频率越慢蜜源距离越远。舞蹈直线轨迹与地球磁力线的夹角等于蜜源与太阳的夹角，为蜜源方向提供信息。

②生态系统中的人工信息流主要包括人类模仿自然、用于控制生物的信息和人类采集并供人类分析判断的信息。

人工模仿自然信息：利用人工光源或暗室控制日照长度的变化，从而达到控制植物花期的方法已经在花卉生产和作物育种中广泛应用。利用人工合成的昆虫体外性激素已经成功应用到害虫预测预报、迷惑昆虫和诱捕害虫等。如果人类能更深入了解自然信息流机制，并适当加以利用，就一定可以起到事半功倍的作用。

人工采集和生成的信息：为了更好地了解生态系统的状况，提出适当的调整措施，传统的方法是肉眼直接观察和收获信息，用头脑加工信息和用口头直接传递信息。例如，人类的经验、失败和教训，都可以作为判断事物和做事的依据，除了自己外，还可以把情况和判断告诉别人。随着科学的发展，先进的方法是用自动或半自动设备采集信息，用计算机加工信息，并用专用信息传输渠道准确地传送到远近不同的用户。例如，用我国研制的风云二号卫星自动采集南海台风生成信息，经过计算机表明其未来可能登陆范围和时间，并通过电视系统传到千家万户。

信息传递方式

在生态系统信息流中，系统内信息大多是通过生物体产生和接收形、声、色、香、味、压（力）、磁、电等信号，并以气体、土体和水体做介质，频繁地转换和传递；部分系统内信息和大多数系统外产生的信息，常通过书刊、报纸、广播、电视、通信、网络以及人们交往过程来传送。信息流是客观存在的，但是信息输入与输出的数量与质量，以及信息传递方式与效果，在不同的生态系统却是不同的。其主要原因有两方面：一方面，由于人的素质（如文化程度、活动能力、精神状态、思维方式和能力等）不同，即使处于相同的地理和社会条件下，也会造成对信息流的接收“灵敏度”不同，使其信息流的通量不一样；另一方面，由于交通、通信、广播、电视等信息流渠道的发达程度和运转状态不同，造成对信息接收量、传递速率和传递效果的不同。因此，加大生态系统信息流通量的重要措施，首先是提高系统经营决策者素质，其次是改善其交通通信条件和普及广播电视与网络。

拓展思考

破坏生态平衡的因素

破坏生态平衡的因素有自然因素和人为因素。自然因素如水灾、旱灾、地震、台风、山崩、海啸等。由自然因素引起的生态平衡破坏称为第一环境问题。由人为因素引起的生态平衡破坏称为第二环境问题。人为因素是造成生态平衡失调的主要原因。

生态资源大扫描

生态系统的物质循环

SHENGTAI ZIYUAN DASAOMIAO

生态系统除了需要能量外，还需要水和各种矿物质元素。这是由于生态系统所需要的能量必须固定和保存在由这些无机物构成的有机物中，才能够沿着食物链从一个营养级传递到另一个营养级，供各类生物需要。否则，能量就会自由地散失掉。还有，水和各种矿质营养元素也是构成生物有机体的基本物质。因此，对于生态系统来说，物质同能量同等重要。其物质循环的特点是循环式，与能量流动的单方向性不同。

水循环

水是生态系统中生命必需元素得以不断运动的介质，没有水循环也就没有生物地化循环。水也是地质侵蚀的动因，一个地方侵蚀，另一个地方沉积，都要通过水循环。因此，了解水循环是理解生态系统物质循环的基础。

海洋是水的主要来源，太阳辐射使水蒸发并进入大气，风推动大气中水蒸气的移动和分布，并以降水形式落到海洋和大陆。大陆上的水可能暂时地贮存于土壤、湖泊、河流和冰川中，或者通过蒸发、蒸腾进入大气，或以液态形式经过河流和地下水最后返回海洋。

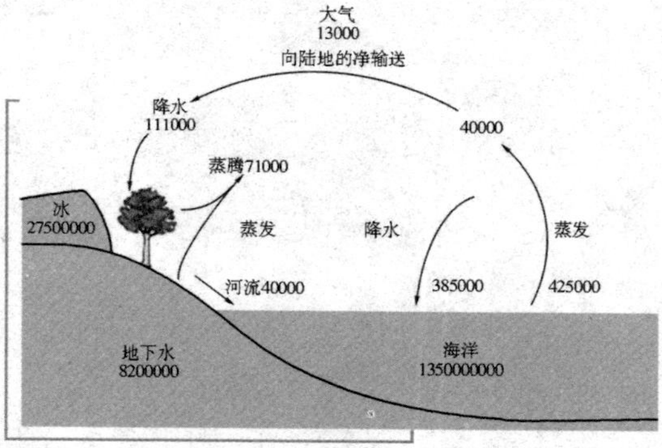

全球水循环

上图表示全球水循环中主要库含量和流通率。地球表面的总水量大约为 1.4×10^9 立方千米，其中大约有 97% 包含在海洋库中。其余的库含量如下：

两极冰盖	29000000 立方千米
地下水	8000000 立方千米
湖泊河流	100000 立方千米
土壤水分	100000 立方千米
大气中水	13000 立方千米
生物体中水	1000 立方千米

从流通率而言，陆地的降水量为 111000 立方千米/年，超过了蒸发——蒸腾量（71000 立方千米/年），超过量达到 40000 立方千米/年。相反，海洋

的蒸发量(425000 立方千米/年)却超过了降水量（385000 立方千米/年），达到 40000 立方千米/年。也就是说，许多海洋蒸发的水分被风带到大陆上空，以降水落到地面，并最后流回到海洋。这就是说，从海洋到陆地的大气水分（40000 立方千米/年）通过到海洋的径流而得到平衡。

基本小知识

水

纯净的水是无色、无味、无固定形状的透明液体。水在 1 个大气压时，温度在 0℃以下为固体（固态水），0℃为水的凝固点。从 0℃～100℃之间为液体。通常情况下水呈现液态，100℃以上为气体（气态水），100℃为水的沸点。纯水在 0℃时密度为 999.87 千克/立方米，在沸点时水的密度为 958.38 千克/立方米，密度减小 4%。在 4℃是密度最大，为 1000 千克/立方米。

根据估计，大气中水蒸气含量（即库大小）相当于平均有 2.5 厘米水均匀地覆盖在地球表面上，而每年进入大气或从大气输出的水流通率相当于每年 65 厘米的覆盖厚度。从这两个数字，我们就可以估计出水在大气中的平均滞留时间大约为 0.04 年，即大约是 2 周。

从陆地（包括土壤、湖泊和河流的水）到达海洋的水与大气库水含量是相等的，但是它们所含有的总水量是大气的万倍，因此，水在地球表面的滞留时间同样是大气的万倍，即大约是 2800 年。

人类活动可能影响全球水循环，从而改变局域的水源。森林砍伐、农业活动、湿地开发、河

你知道吗

6 种水不能喝

俗话说，“人可一日无食，但不可一日无水”。喝水在每个人的生活中再平常不过了，但什么是健康、安全的饮用水却很少有人知道。水质不良可引起多种疾病。据世界卫生组织调查，人类疾病 80% 与水有关。“未开水”、“重煮水”、“生水”、“老化水”、“千滚水”、“蒸锅水”要注意禁止饮用。

流改道、建坝，以及影响局域蒸发、蒸腾和降水的种种活动，都可能改变全球的和局域的水循环。

碳循环

碳循环研究的重要意义在于：1. 碳是构成生物有机体的最重要元素，因此，生态系统碳循环研究成了系统能量流动的核心问题。2. 人类活动通过化石燃料的大规模使用，从而造成对于碳循环的重大影响，可能是当代气候变化的重要原因。

碳循环包括的主要过程是：1. 生物的同化过程和异化过程，主要是光合作用和呼吸作用。2. 大气和海洋之间的二氧化碳交换。3. 碳酸盐的沉淀作用。

碳库主要包括大气中的二氧化碳、海洋中的无机碳和生物机体中的有机碳。最大的碳库是海洋（38000×10^{15}克 碳）。它大约是大气中(750×10^{15}克 碳)的 50.6 倍，而陆地植物的含碳量（560×10^{15}克 碳）略低于大气。最重要的碳流通率是大气与海洋之间的碳交换（90×10^{15}克 碳/年和 92×10^{15}克 碳/年）和大气与陆地植物之间的交换（120×10^{15}克 碳/年和 60×10^{15}克 碳/年）。碳在大气中的平均滞留时间大约是 5 年。

基本小知识

碳

碳是一种非金属元素，意为“煤，木炭”。碳是一种很常见的元素。它以多种形式广泛存在于大气和地壳之中。碳单质很早就被人认识和利用，碳的一系列化合物——有机物更是生命的根本。碳是生铁、熟铁和钢的成分之一。碳能在化学上自我结合而形成大量化合物，在生物上和商业上是重要的分子。生物体内大多数分子都含有碳元素。

大气中的二氧化碳含量是有变化的。根据南极冰芯中气泡分析的结果，在最后一次冰河期（20000—50000 年前）的大气二氧化碳的体积分数为 $180 \times 10^{-6} \sim 200 \times 10^{-6}$，而公元 900—1750 年的平均值是 $270 \times 10^{-6} \sim 280 \times 10^{-6}$，但是从 1750 年工业革命开始以后，大气二氧化碳体积分数连续而迅速地上升，这显然是与工业革命后人类使用化石燃料的急骤增加有关。大气二氧化碳含量除了有长期上升趋势以外，还显示有规律的季节变化：夏季下降，冬季上升。其原因可能是人类的化石燃料使用量的季节差异和植物光合作用二氧化碳利用量的季节差异。

在元素循环研究中，例如碳循环，我们把释放二氧化碳的库称为源，吸收二氧化碳的库称为汇。1997 年研究的全球碳循环收支如下：

净释放量				碳循环的净变化		
化石燃料 +	陆地植被破坏	=	大气中含量上升 +	海洋吸收 +	未知的汇
				2.0	1.7

这就是说，人类活动向大气净释放碳大约为 6.9×10^{15} 克碳/年，其中使用化石燃料释放 6.0×10^{15} 克 碳/年，陆地植被破坏释放 0.9×10^{15} 克 碳/年。由于人类活动释放的二氧化碳中，导致大气二氧化碳含量上升的为 3.2×10^{15} 克 碳/年，被海洋吸收的为 2.0×10^{15} 克 碳/年，未知去处的汇达到 1.7×10^{15} 克 碳/年。这样，人类活动释放的二氧化碳有大约 25% 的全球碳流的汇是科学尚未研究清楚的，这就是著名的失汇现象。它已经成为当今生态系统生态学研究中最令人感兴趣的热点问题之一。

为了维持当今全球碳平

拓展阅读

碳的存在形式

碳的存在形式是多种多样的，有晶态单质碳如金刚石、石墨，有无定形碳如煤，有复杂的有机化合物如动植物等；碳酸盐如大理石等。

单质碳的物理和化学性质取决于它的晶体结构。高硬度的金刚石和柔软滑腻的石墨晶体结构不同，各有各的外观、密度、熔点等。常温下单质碳的化学性质不活泼，不溶于水、稀酸、稀碱和有机溶剂；不同高温下与氧发生的反应不同，可以生成二氧化碳或一氧化碳；在卤素中只有氟能与单质碳直接反应；在加热下，单质碳较易被酸氧化；在高温下，碳还能与许多金属反应，生成金属碳化物。碳具有还原性，在高温下可以冶炼金属。

衡，其焦点不是各个库的碳贮存总量，而是每年碳的去处和动态问题。海洋是最大的碳库，但是它与大气的碳交换主要发生在海洋表面，而海洋表层与深层水之间的碳交换是很缓慢的。荒漠土壤的碳酸盐的含碳量比全部陆地植物还要高，但是荒漠土壤与大气之间也几乎没有碳的交换。最近有学者注意到陆地植被作为二氧化碳汇的意义。如果说大气二氧化碳增高，像“肥料”一样能够提高陆地植物的生产量，并且其速度足够快，也许全球碳循环的失汇现象可能从这里找到答案。这促进了人们开展植物群落对于大气二氧化碳上升响应的研究。有许多科学家投入了研究，以确定全球碳循环各种流通率的极限，确定作为二氧化碳的源和汇的各种局域生态系统的碳流。

氮循环

氮是蛋白质的基本组成成分，一切生物结构的原料。虽然大气中有 79% 的氮，但一般生物不能直接利用，必须通过固氮作用将氮与氧结合成为硝酸盐和亚硝酸盐，或者与氢结合形成氨以后，植物才能利用。

大气是最大的氮库（3.9×10^{21}克 氮），土壤和陆地植物的氮库比较小（3.5×10^{15}和$95\times10^{15}\sim140\times10^{15}$克 氮）。天然固氮包括生物固氮和闪电等高能固氮，生物固氮大约为140×10^{12}克 氮/年，而闪电固氮接近于3×10^{12}克 氮/年。当代人工固氮率已经接近或超过了天然固氮。人工固氮包括氮肥生产（大约80×10^{12}克 氮/年）和使用化石燃料释放（20×10^{12}克 氮/年）。每年这些固定的氮通过河流运输进入海洋的大约36×10^{12}克 氮，陆地植物吸收利用1200×10^{12}克 氮/年，还有陆地生态系统的反硝化作用估计在$12\times10^{12}\sim233\times10^{12}$克 氮/年，特别是湿地，可能占其中一半以上。生物物质的燃烧可以释放氮：到大气高达50×10^{12}克 氮/年。海洋除接受陆地输入的氮以外，通过降水接受30×10^{12}克 氮/年，生物固氮15×10^{12}克 氮/年。通过海洋反硝化返回大气的大约110×10^{12}克 氮/年，沉埋于海底达10×10^{12}克 氮/

年。海洋是个巨大的无机氮库，可以达到 570×10^{15} 克 氮，但是它沉埋于海底，长久离开了生物循环。

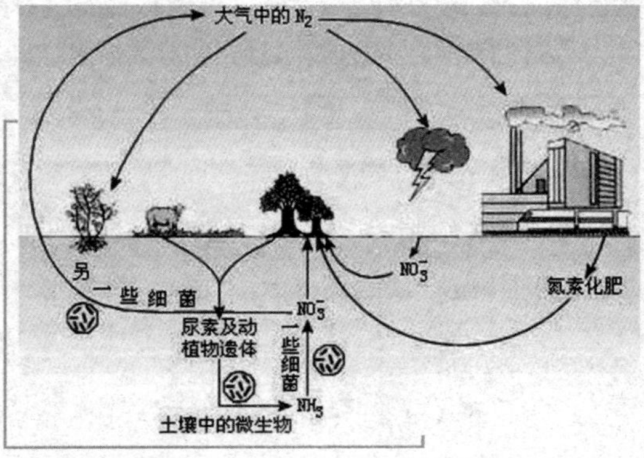

氮循环

氮循环是一个复杂的过程，包括有许多种类的微生物都参加到氮循环这个复杂的过程中。

固氮作用　参加的包括营自由生活的自生固氮菌，共生在豆科植物根瘤和其他一些植物的根瘤菌、蓝细菌。固氮是一个需要能量的过程，自生固氮菌通过氧化有机碎屑获得能量，根瘤菌通过共生的植物提供能量，而蓝细菌利用光合作用固定的能量。固氮作用的重要意义在于：①在全球尺度上平衡反硝化作用。②在像熔岩流过和冰河退出后的缺氮环境里，最初的入侵者就属于固氮生物，所以固氮作用在局域尺度上也是很重要的。③大气中的氮只有通过固氮作用才能进入生物循环。

氨化作用　氨化作用是蛋白质通过水解降解为氨基酸，然后氨基酸中的碳（不是氮）被氧化而释放出氨（NH_3）的过程。植物通过同化无机氮进入蛋白质，只有蛋白质才能通过各个营

> **广角镜**
>
> **过量的氮 危害健康**
>
> 空气中氮气含量过高，使吸入气氧分压下降，引起缺氧窒息。吸入氮气浓度不太高时，患者最初感胸闷、气短、疲软无力；继而有烦躁不安、极度兴奋、乱跑、叫喊、神情恍惚、步态不稳，称之为“氮酩酊”，可进入昏睡或昏迷状态。吸入高浓度，患者可迅速昏迷、因呼吸和心跳停止而死亡。
>
> 潜水员深潜时，可发生氮的麻醉作用；若从高压环境下过快转入常压环境，体内会形成氮气气泡，压迫神经、血管或造成微血管阻塞，发生“减压病”。

养级。

硝化作用 硝化作用是氨的氧化过程。其第一步是通过土壤中的亚硝化毛杆菌或海洋中的亚硝化球菌，把氨转化为亚硝酸盐（NO_2^-）；然后进一步由土壤中的硝化杆菌或海洋中的硝化球菌氧化为硝酸盐（NO_3^-）。

反硝化作用 第一步是把硝酸盐还原为亚硝酸盐，释放 NO。它出现在陆地上有渍水和缺氧的土壤中，或水体生态系统底部的沉积物中，由异养类细菌，例如假单胞杆菌所完成；然后亚硝酸盐进一步还原产生 N_2O 和分子氮（N_2），两者都是气体。

人工固氮对于养活世界上不断增加的人口作了重大贡献；同时，它也通过全球氮循环带来了不少不良后果，甚至威胁人类在地球上持续生存的生态问题。大量有活性的含氮化合物进入土壤和各种水体以后对于环境产生的影响，其范围可能影响从局域卫生到全球变化，深至地下水，高达同温层。

水体硝酸盐（NO_3^-）含量对于生物是危险的，例如，它可以引起“蓝婴病”。硝酸盐在消化管中可以转化为亚硝酸盐，后者是有毒的。它与血红蛋白相结合形成正铁血红朊，导致红细胞运输氧功能的损失。婴儿皮肤因缺氧而呈蓝色，尤其是在眼和口部，“蓝婴病”即由此而得名。这种病还可能与皮肤病和一些癌有联系。硝酸盐是高溶解性的，容易从土壤淋洗出来，污染地下水和地表水，在使用化肥过多的农田区是一个严重问题，这已引起土壤专家们的高度重视。

流入池塘、湖泊、河流、海湾的化肥氮造成水体富营养化，藻类和蓝细菌种群大爆发。其死体分解过程中大量掠夺其他生物所必需的氧，造成鱼类、贝类大规模死亡。海洋和海湾的富营养化称为赤潮，某些赤潮藻类还形成毒素，引起如记忆丧失、肾和肝的疾病。造成水体富营养化和赤潮的原因，除过多的氮以外，还有磷，两者经常是共同起作用的。

可溶性硝酸盐能够流到相当远的距离以外，加上含氮化合物能保持很久，因此很容易造成可耕土壤的酸化（含硫化合物也是酸化的原因）。土壤酸化会提高微量元素流失，并增加作为重要饮水来源的地下水的重金属含量。

基本小知识

氮

氮元素名来源于希腊文，原意是“硝石”。1772年由瑞典药剂师舍勒发现，后由法国科学家拉瓦锡确定是一种元素。氮在地壳中的含量为0.0046%，自然界绝大部分的氮是以单质分子氮气的形式存在于大气中。氮气占空气体积的78%。氮的最重要的矿物质是硝酸盐。氮有两种天然同位素：N_{-14}和N_{-15}，其中N_{-14}的丰度为99.625%。

一般说来，氮污染使土壤和水体的生物多样性下降。

过多地使用化肥不仅污染土壤和水体，还能把一氧化二氮（又称笑气）送入大气。一氧化二氮是由于细菌作用于土壤中硝酸盐而生成的。它在大气中含量虽然不高，但有两个过程值得重视：①它在同温层中与氧反应，破坏臭氧，从而增加大气中的紫外辐射。②它在对流层作为温室气体，促进气候变暖。一氧化二氮在大气中的寿命可以超过1世纪，每个分子吸收地球反射能量的能力要比二氧化碳分子高大约200倍。此外，大气中的含氮化合物在日光作用下，对于光化烟雾的形成起促进作用；含氮化合物还与二氧化硫在一起形成酸雨，酸雨增多使水体酸化加速，引起长期的渔获量下降；而陆地土壤的酸化使陆地和水体生态系统中的植物和动物多样性减少。

人类从合成氮肥中获得巨大好处，但人类没有能预见其对于环境的不良后果；即使到现在，人类对于这些不良后果注意得仍然不足，远不如对大气二氧化碳含量上升的关注。进一步重视其不良后果，并加强科学研究是当前全球生态学的重要任务。

磷循环

虽然生物有机体的磷含量仅占体重 1% 左右，但是磷是构成核酸、细胞膜、能量传递系统和骨骼的重要成分。因为磷在水体中通常下沉，所以它也是限制水体生态系统生产力的重要因素。磷在土壤内也只有在 pH 6 ~ 7 时才可以被生物所利用。过多或过少，都会对土壤产生一定的副作用。

基本小知识

磷

磷存在与人体所有细胞中，是维持骨骼和牙齿的必要物质，几乎参与所有生理上的化学反应。磷还是使心脏有规律地跳动、维持肾脏正常机能和传达神经刺激的重要物质。没有磷时，烟酸不能被吸收；磷的正常机能需要维生素 D（维生素食品）和钙（钙食品）来维持。

图表示全球磷循环。因为磷在生态系统中缺乏氧化—还原反应，所以一般情况下磷不以气体成分参与循环。虽然土壤和海洋库的磷总量相当大，但是能为生物所利用的量却很有限。生物与土壤之间的磷流通率约为 200×10^{12} 克 磷/年，

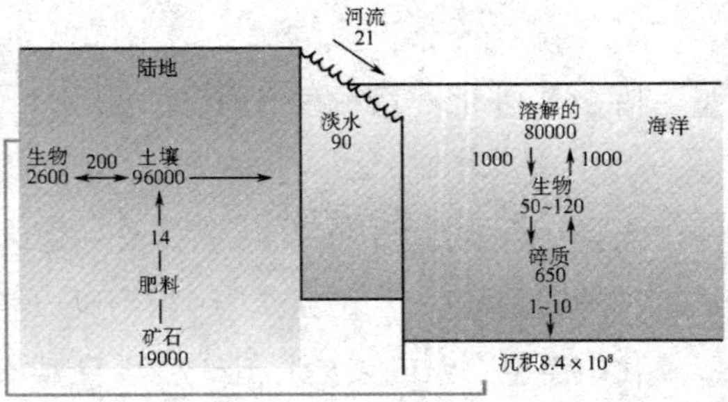

全球磷循环

生物与海水间的磷流通率为 50×10^{12} ~ 120×10^{12} 克 磷/年。全球磷循环的最主要途径是磷从陆地土壤库通过河流运输到海洋，达到 21×10^{12} 克 磷/

年。磷从海洋再返回陆地是十分困难的，海洋中的磷大部分以钙盐的形式而沉淀，因此长期地离开循环而沉积起来。一般的水体上层往往缺乏磷，而深层为磷所饱和。

由此可见，磷循环是不完全的循环，有很多磷在海洋沉积起来。一方面人类开采磷矿和鸟粪（秘鲁海岸有数量惊人的鸟粪）以补其不足；另一方面，磷与氮一起，成为水体富营养化的重要原因。

硫循环

硫是蛋白质和氨基酸的基本成分，对于大多数生物的生命至关重要。人类使用化石燃料大大改变了硫循环，其影响远大于对碳和氮，最明显的就是酸雨。硫在自然界中有 8 种状态，从 −2 到 +6 价。其中最重要的有 3 种，即元素硫、+4 价的亚硫酸盐和 +6 价的硫酸盐。

硫循环是一个复杂的元素循环，既属沉积型，也属气体型。它包括长期的沉积相，即束缚在有机和无机沉积中的硫，通过风化和分解而释放，以盐溶液的形式进入陆地和水体生态系统。还有的硫以气态参加循环。

硫从陆地进入大气有四条途径：火山爆发释放硫，平均达到 5×10^{12} 克硫/年；由沙尘带入大气的硫约为 8×10^{12} 克硫/年；化石燃料释放硫为（50 ~ 100）$\times10^{12}$

你知道吗

磷的分布

磷在生物圈内的分布很广泛，地壳含量丰富列前 10 位，在海水中浓度属第二类。广泛存在于动植物组织中，也是人体含量较多的元素之一，稍次于钙排列为第六位。约占人体重的1%，成人体内约含有600 ~ 900g 的磷。体内磷的 85.7% 集中于骨和牙，其余分布于全身各组织及体液中，其中一半存在于肌肉组织。它不但构成人体成分，且参与生命活动中非常重要的代谢过程，是机体很重要的一种元素。

克 硫/年，平均 90×10^{12} 克 硫/年；森林火灾和湿地等陆地生态系统释放为 4×10^{12} 克 硫/年。硫在大气中的大部分以干沉降和降水形式返回陆地，约为 90×10^{12} 克 硫/年，剩下的约 20×10^{12} 克 硫/年被风传输到海洋。另外也有 4×10^{12} 克 硫/年的硫经大气传输到陆地。

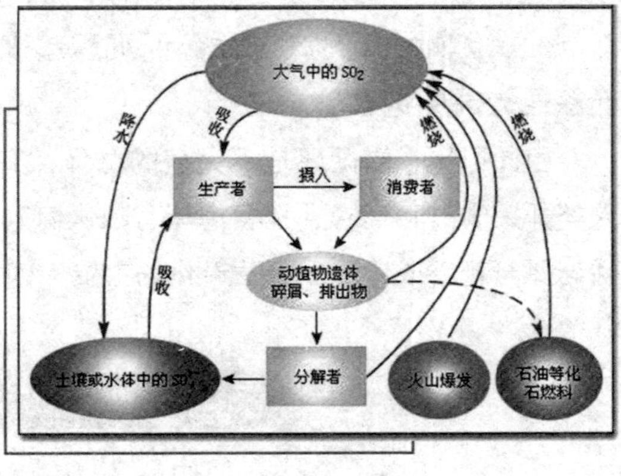

硫循环示意图

基本小知识

硫

硫是一种特别常见的无味的非金属。纯的硫是黄色的晶体，又称作硫磺。硫有许多不同的化合价，常见的有 -2，0，+2，+4，+6 等。在自然界中它经常以硫化物或硫酸盐的形式出现，尤其在火山地区纯的硫也在自然界出现。对所有的生物来说，硫都是一种重要的必不可少的元素。它是多种氨基酸的组成部分，也是大多数蛋白质的组成部分。

它主要被用在肥料中，也广泛地被用在火药、润滑剂、杀虫剂和抗真菌剂中。

硫是从海洋进入大气的，包括以海盐形式进入的为 144×10^{12} 克 硫/年，生物产生的 16×10^{12} 克 硫/年，海底火山运动产生的为 5×10^{12} 克 硫/年。海洋吸收的硫流通量 180×10^{12} 克 硫/年。

虽然我们是分别介绍的碳、氮、磷、硫等元素的循环，但这并不意味着它们是彼此独立的。实际上，自然界中的元素循环是密切关联和相互作用着的，而且表现在不同的层次上。例如，在光合作用和呼吸作用中，碳

和氧循环是互相联结的。海洋生态系统的初级生产的速率受到浮游植物的氮/磷比影响，从而使碳循环与氮和磷循环联结起来。淡水生态系统中磷的有效性也受到底部沉积物中的硝酸盐和氧多少的间接影响。正由于这些联结，人类对于碳、氮和磷循环的干预，将会使这些元素的生物地化循环变得复杂起来，并且，其后果又常常是难以预测的。又如，由于大气二氧化碳含量的增加，可能使光合作用速率上升，全球气候变暖，并伴随着出现光强度的减弱和土壤湿度的降低。植物在生理上对于二氧化碳含量的反应，又与对温度的反应强烈相关，同时还受到氮的有效性所约束……由此可见，要了解人类活动导致全球营养元素循环的后果，我们就必须充分了解这些元素循环的彼此相互作用；而正是这方面，我们的知识还十分有限，人类必须进一步加强其生态学研究，特别是在进入 21 世纪后。

拓展阅读

硫的生理作用

蛋氨酸、同型半胱氨酸和牛磺酸等氨基酸和一些常见的酶含硫，因此硫是所有细胞中必不可少的一种元素。在蛋白质中，多肽之间的二硫键是蛋白质构造中的重要组成部分。有些细菌在一些类似光合作用的过程中使用硫化氢作为电子提供物。植物以硫酸盐的形式吸收硫。无机的硫是铁硫蛋白的一个组成部分。在细胞色素氧化酶中，硫是一个关键的组成部分。

养分循环

养分循环是指生态系统中那些生命必需元素和无机化合物在人类调节控制和影响下的循环过程。20 世纪 60 年代以来，有关专家对世界不同类型的陆地、海洋、淡水和农田生态系统物质循环的研究，主要集中于查明多种生命必需的矿物元素动态，养分循环一词被更多地称为矿质养分循环或矿质循环，而不用于碳、氧、水等一些生命必需的、非矿质的元素成分或化合物的循环。

养分循环与相对封闭的自然循环有很大区别，无论是循环途径、循环范围、运动速率还是循环平衡的调节能力都大大受人类生产活动影响。在多年频繁的耕作、施肥、灌溉、种植与收获作物等人为措施的影响下，形成了不同于原有自然生态系统的养分循环特点。

1. 养分循环有较高的养分输出率与输入率。这是指随着作物收获及产品出售，大量养分被带出系统之外；同时作为补偿，又有大量养分以肥料、饲料、种苗等形态被带回系统，使整个养分循环的开放程度较自然系统大为提高。

基本小知识

土　壤

土壤，是由一层层厚度各异的矿物质成分所组成大自然主体。土壤和母质层的区别表现在于形态、物理特性、化学特性以及矿物学特性等方面。由于地壳、水蒸气、大气和生物圈的相互作用，土层有别于母质层。它是矿物和有机物的混合组成部分，存在着固体，气体和液体状态。疏松的土壤微粒组合起来，形成充满间隙的土壤的形式。这些孔隙中含有溶解溶液和空气。因此，土壤通常被视为有多种状态。

2. 养分循环的养分库存量较低，但流量大，周转快。自然生态系统地表较稳定的枯枝落叶层以及土壤有机质的积累，形成了较大的有机养分库，并在库存大体平衡的条件下，缓缓释放出有效态养分供植物吸收利用。农业生态系统在耕种条件下，有机养分库加速分解与消耗，库存量较自然生态系统大为减小，而分解加快，形成了较大的有效养分库，植物吸收量加大，整个土壤库养分周转加快。

3. 养分循环的养分库养分保持能力较弱，流失率较高。农业生态系统有机库小，分解旺盛，有效态养分投入量多，同时，生物结构较自然系

统大大简化，植被及地面有机物覆盖不充分，这些都使得大量有效养分不能在系统内被及时吸收利用，而易于随水流失。

4. 养分供求同步机制较弱。自然生态系统养分有效化过程的强度随季节的温湿度变化而变化，自然植被对养分的需求与吸收也适应这种季节变化，形成了供求同步调节的自然机制。农业生态系统的养分供求关系受人为的种植、耕作、施肥、灌溉等措施的影响，供求的同步性差，是导致病虫害、倒伏、养分流失、高投低效的重要原因。

养分循环通常是在土壤、植物、畜禽和人这4个养分库之间进行的，同时，每个库都与外系统保持多条输入与输出流。根据研究目的，养分循环模型的边界可有不同。例如，研究农田生态系统可以只包括土壤和植物两个库；研究农牧系统可以包括土壤、植物、畜禽3个库，而把人类库作为外系统对待；研究农村生态系统的养分循环，应把人类库作为循环的组成部分考虑，形成更为完整的库循环网络体系，这个循环体系当然是更大范围的区域系统乃至全球系统养分循环的一个组成环节。

土壤是养分的主要贮存库，土壤接纳、保持、供给和转化养分的能力，对整个系统的功能和持续性至关重要。养分循环模型中把土壤库划分为矿物质库、有机质库和有效态库3个亚库，可以更清楚地说明土壤库贮存、转化和供应养分的特点。植物库与畜禽库，大多数分别由作物、杂草、草地、林果等亚库以及禽、畜、肉蛋奶商品畜等亚库所组成。在养分循环中，昆虫、野生动物等通常在数量上不占重要地位而忽略不计，土壤小动物、土壤微生物等则包括在土壤有机库中。

广角镜

生态平衡的稳定性

生态平衡是指生态系统内两个方面的稳定：一方面是生物种类（即生物、植物、微生物、有机物）的组成和数量比例相对稳定；另一方面是非生物环境（包括空气、阳光、水、土壤等）保持相对稳定。生态平衡是一种动态平衡。比如，生物个体会不断发生更替，但总体上看系统保持稳定，生物数量没有剧烈变化。

生态资源大扫描

自然资源及其分类

SHENGTAI ZIYUAN DASAOMIAO

自然资源具有两重性，既是人类生存和发展的基础，又是环境要素。自然资源可划分为：生物资源、农业资源、森林资源、国土资源、矿产资源、海洋资源、气候气象、水资源等。

自然资源具有可用性、整体性、变化性、空间分布不均匀性和区域性等特点，是人类生存和发展的物质基础和社会物质财富的源泉，是可持续发展的重要依据之一。

生态环境与自然环境

生态环境是指由生物群落及非生物自然因素组成的各种生态系统所构成的整体，主要或完全由自然因素形成，并间接地、潜在地、长远地对人类的生存和发展产生影响。生态环境的破坏，最终会导致人类生活环境的恶化。

美丽和谐的自然环境

自然环境是人类生存、繁衍的物质基础；保护和改善自然环境，是人类维护自身生存和发展的前提。这是人类与自然环境关系的两个方面，缺少一个就会给人类带来灾难。

你知道吗

海洋面积知多少

地球表面被陆地分隔为彼此相通的广大水域称为海洋。其总面积约为3.6亿平方公里，约占地球表面积的71%。因为海洋面积远远大于陆地面积，故有人将地球称为“水球”。然而目前为止，人类已探索的海洋只有5%，也就是说还有95%的海洋是未知的。

海洋面积约362 000 000平方公里。海洋中含有13.5亿多立方千米的水，约占地球上总水量的97%。全球海洋一般被分为数个大洋和面积较小的海。四个主要的大洋为太平洋、大西洋、印度洋、北冰洋。

我们生活的自然环境，是地球的表层，由空气、水和岩石（包括土壤）构成大气圈、水圈、岩石圈，在这三个圈的交汇处是生物生存的生物圈。这四个圈在太阳能的作用下，进行着物质循环和能量流动，使人类（生物）得以生存和发展。

据科学测定，人体血液中的60多种化学元素的含量比例，同地壳各种化学元素的含量比例十分相似。这表明人是环境的产物。人类与环境的关系，还表现在人体的物质和环境中的物质进行着交换的关系。比如，人体通过新陈代谢，吸入氧气，呼出二氧化碳；喝清洁的水，吃丰富的食物，来维持人体的发育、生长和遗传，这就使人体的物质和环境中的物质进行着交换。如果这种平衡关系破坏了，将会危害人体健康。

人类为了生存、发展，要向环境索取资源。早期，由于人口稀少，人类对环境没有什么明显影响和损害。在相当长的一段时间里，自然条件主宰着人类的命运。到了“刀耕火种”时代，人类为了养活自己并生存、发展下去，开始毁林开荒，这就在一定程度上破坏了环境。于是，出现了人为因素造成的环境问题。但因当时生产力水平低，对环境的影响还不大。到了产业革命时期，人类学会使用机器以后，生产力大大提高，对环境的影响也就增大了。到21世纪，人类利用、改造环境的能力空前提高，规模逐渐扩大，创造了巨大的物质财富。据估算，现代农业获得的农产品可供养50亿人口，而原始土地上光合作用产生的绿色植物及其供养的动物，只能供给1000万人的食物。由此可见，人类已在环境中逐渐处于主导地位。但是，严重的环境污染和生态破坏也随着出现在人类面前。大气严重污染，水的资源空前短缺，森林惨遭毁灭，可耕土地不断减少，大批物种濒临灭绝，人类赖以生存的自然环境正处在危机之中。日益恶化的环境向人类提出：保护大自然，维持生态平衡是当今最紧迫的问题。

自然界的生态系统有大

趣味点击

海和洋的区别

海和洋不完全是一回事，彼此间是不相同的。

洋，是海洋的中心部分，是海洋的主体。世界大洋的总面积，约占海洋面积的89%。大洋的水深，一般在3000米以上，最深处可达1万多米。大洋离陆地遥远，不受陆地的影响。它的水温和盐度的变化不大。每个大洋都有自己独特的洋流和潮汐系统。

海，在洋的边缘，是大洋的附属部分。海的面积约占海洋的11%。海的水深比较浅，平均深度从几米到2~3千米。海临近大陆，受大陆、河流、气候和季节的影响，海水的温度、盐度、颜色和透明度，都受陆地影响，有明显的变化。

有小。小的如一滴水、一片草地、一个池塘等，大的有湖泊、海洋、森林、草原，等等。池塘是一个典型的生态系统：池塘里有各种水生植物、水生动物和细菌、真菌以及这些生物生存所必需的水、底泥、阳光、温度等非生物环境。水生植物利用太阳能进行光合作用，把水和底泥中的营养物质和大气中的二氧化碳转化为有机物，贮存在植物体内；小型浮游动物以浮游植物为食；浮游动物和有根植物又被鱼类做食物；水生植物和水生动物的残体最终被水和底泥中的细菌、真菌及腐食性动物分解成无机物，释放到环境中，供植物重新利用。这就构成了一个完整的生态系统，成为自然界的基本活动单元，它的功能就是物质循环和能量流动。

要保护和改善生活环境，就必须保护和改善生态环境。我国环境保护法把保护和改善生态环境作为其主要任务之一，正是基于生态环境与生活环境的这一密切关系。

生态环境与自然环境是两个在含义上十分相近的概念，有时人们将其混用，但严格说来，生态环境并不等同于自然环境。自然环境的外延比较广，各种天然因素的总体都可以说是自然环境，但只有具有一定生态关系构成的系统整体才能称为生态环境。仅有非生物因素组成的整体，虽然可以称为自然环境，但并不能叫作生态环境。从这个意义上说，生态环境仅是自然环境的一种，二者具有包含关系。

自然资源圈

在环绕地球的近地表，存在一个自然资源集中分布带，我们可以称之为自然资源圈。

按照目前的认识，自然资源圈的范围上限以对流层顶层为界，下限以莫霍面（地壳和地幔的分界面）为限。其间包含了一系列不同物化性质的物质圈层——大气圈、水圈、生物圈、岩石圈等。自然资源圈的核心要素是自然资源。

对自然资源这一概念，有很多种定义。如自然资源是“指天然存在的并有利用价值的自然物，如土地、矿藏、水利、生物、森林、海洋、太阳能等资源。生产的原料来源和布局场所”（《辞海》）；“所谓自然资源是指一定时空条件下，能够产生经济价值以提高人类当前和未来福利的自然环境因素的总称”（联合国环境规划署1972年的定义）；“自然资源是人类可以利用的自然形成物以及生成这些成分的环境功能。前者包括土地、水、大气、岩石、矿物及其群聚体森林、草地、矿产和海洋等，后者则指太阳能、生态系统的环境功能、地球物理化学的循环机能等”（《英国大百科全书》）。

从这些表述和一些国家的实际使用中可以看出三点：（1）自然资源是可供人类利用并带来利益的物质和能量。（2）随着人类社会发展和科技进步，自然资源的范畴正在不断扩大。（3）自然资源与环境的关系密切，有人主张资源包括环境，有人主张环境包括资源，也有人主张资源与环境是互为关联的两个概念。

丰厚的海洋资源

我们认为，就自然资源这个概念来说，有广义和狭义之分。狭义的自然资源只包括实物性资源，即在一定社会经济技术条件下能够产生生态价值或经济价值，从而提高人类当前或可预见未来生存质量的天然物质和自然能量的总和。广义的自然资源则包括实物性自然资源和舒适性自然资源的总和。为了叙述的方便，本书取环境和自然资源分属两个概念的观点，在这个意义上来展开论述。

自然资源种类繁多，体系庞杂。从不同的角度可以对自然资源进行若干不同的分类。比如：

按自然资源的空间分布属性，可划分为地面资源、地下矿产资源和海洋资源三个部分。

按自然资源的物理特性，可划分为物质资源和能量资源两大类。

按自然资源的再生性特征，可分为再生资源与非再生资源两大类。

按自然资源的限制特征，可分为流量资源和存量资源两大类，前者如气候资源、生物资源等，后者如矿产资源等。

按自然资源在不同产业部门中所占的主导地位，可分为农业资源、工业资源、能源、旅游资源、医药卫生资源、水产资源等；各类型之下可进一步细分，如农业资源可再分为土地资源、水资源、牧地及饲料资源、森林资源、野生动物资源及遗传种质资源等。

按自然资源赋存和活动的空间，可分为空间资源、地面资源、海洋资源、地下资源等。

按自然资源的属性，可分为土地资源、水利资源、气候资源、生物资源、矿产资源等。

按自然资源能够被人类利用的时间长短，可分为有限资源和无限资源两大类。这里的无限资源是指用之不竭的资源，如太阳能、空气、潮汐能、风能、海水等，因此，这种分类也可以用耗竭性资源和非耗竭性资源来表示。

这些分类各有优点，简明实用，但往往缺乏系统性和完整性。遗憾的是到目前为止，尚无一个统一的自然资源分类系统。我们认为其中几种主要的自然资源可以分类如下：

土地资源，可分为耕地、林地、草地、水面、工交城镇用地和其他土地（如荒山荒地、滩涂、冰川、永久积雪地、沙漠戈壁、冰山和石骨地、珊瑚礁等）。

淡水资源，可分为地表水、土壤水和地下水。水资源总量是指地表水和地下水的总补给量。

矿产资源，可分为能源矿产、黑色金属矿产、有色金属

广角镜

森林的类型

我国现有原生性森林已不多，它们主要集中在东北、西南天然林区。按森林外貌划分，针叶林和阔叶林面积约各占一半，前者占49.8%，后者占47.3%，其余3%为针阔叶混交林。

针叶林在我国分布非常广泛，但作为地带性的针叶林则只见于东北和西北两隅以及西南、藏东南的亚高山针叶林，其余的则常为次生性针叶林，如各种次生松林，更多的则是人工营造而成，如杉木林等。这些针叶林不仅植物组成丰富，而且还栖息着大量的动物种类，成为众多特有种类的栖息地和避难所。

及贵金属矿产，稀有、稀土和分散元素金属矿产、冶金辅助原料矿产、化工原料非金属矿产、特种非金属矿产、建材及其他非金属矿产、地下水和地热等。

海洋资源，可分为海洋生物资源、海底矿产资源、海水化学资源、海洋动力资源等。

植物资源，可分为森林资源、草场资源、栽培作物、中草药资源等。

动物资源，可分为野生动物、家畜家禽、鱼类资源等。

自然资源一般具有以下几个方面的自然属性：

◎ 有效性与稀缺性

这是自然资源的本质属性。作为资源，必须具备对社会的有效性，即能够被开发利用并产生效益，否则就不称其为资源了。稀缺性有两方面的含义：(1) 相对于人类社会不断扩大的需求而言，资源是稀缺的；(2) 由于资源分布的不均匀性而表现出不同程度的稀缺特征。稀缺性是资源科学研究的原动力。

◎ 分布不均匀性

自然资源分布的不均匀性表现在“质、量、时、空”上的差异，自然资源往往是以一定的数量、质量在一定时期内具体定位在一定地域的。这也是自然资源呈现稀缺的一个根本原因。

◎ 多样性和层次性

自然资源种类复杂多样，每一类自然资源又由许多亚类组成，亚类还可细分为种、亚种、科，等等。同时，自然资源又表现出明显的层次性，如生物资源，从物种到群落，再到生态系统直至整个生物圈，

趣味点击　森林的多种美称

森林是可再生的一种自然资源，具有经济、生态和社会三大效益。它有多种美称：人类文化的摇篮、大自然的装饰美化师、生命的资源、野生动植物的栖殖场、金色的宝库、绿色宝库、天然氧气制造厂、绿色的银行、天然的调节器、煤炭的鼻祖、天然的储水池、防风的长城、天然的吸尘机、城市的肺脏、天然的监测仪、自然界的防疫员、天然的隔音墙、森林水库、地球之肺。

就是一个层次分明的系统。显然，自然资源多样性和层次性都是以其系统性为条件的。首先，每一类自然资源都不是孤立存在的，如土地资源是由土壤、水、动物、植物、气候等资源构成的自然综合系统；其次，各类自然资源又共同构成了自然资源圈这个大系统。

◎ 多变性和动态性

自然资源是与一定的社会经济条件和科学技术水平相联系的。随着技术、经济条件的变化，自然资源的质、量和利用效能都将发生变化，从而表现出极大的动态性和多变性。

◎ 有限性与无限性

时间、空间和运动的绝对无限性使得物质与能量也是无限的，社会发展与科技进步的无限性又促使新的资源不断涌现。而在具体的时空范围内，自然资源又是以一定的数量，在一定的时期内定位于一定地域的，即资源是有限的，不同时期的科技水平和生态条件对人类利用自然资源起着限制作用。自然资源的有限性与无限性是辩证的统一。无限性使我们看到了人类无限生存下去，就有得以无限发展与进步的希望；有限性则使我们认识到合理利用、有效保护和管理资源的重要和迫切的程度。

大气圈

45 亿年前，在地球发育的早期阶段，在太阳发射的热量、可见光、紫外线和 X 射线等作用下，C、H、O 与 N 等原子结合成 NH_3、CH_4、CH_2 与 H_2O 等分子，构成了原始大气的主要成分。

经过漫长的地质时期，到了大约 30 亿年前，原始海洋中的 C 元素在射线作用下与其他元素结合产生了少量的有机分子，例如原始病毒，能从原始海洋“汤液”的有机化合物发酵中获取必要的能量，作为副产品放出 CO_2。这是大气圈发育历史中的一个重要事件，为叶绿素的光合作用合成糖创造了条件。

20 亿年以前含叶绿素的生物出现是大气圈发育历史上的另一个划时代的

事件，光合作用产生了 O_2，这种极其活泼的元素对大气圈进行了一次“氧革命”：它与 CH_4 作用生成 CO_2 和 H_2O，与 NH_3 作用生成 N_2 和 H_2O，在高空中 O_2 分子相互作用生成 O_3。O_3 的出现逐渐减弱了紫外线辐射的强度，为更高等的海洋植物出现提供了条件。

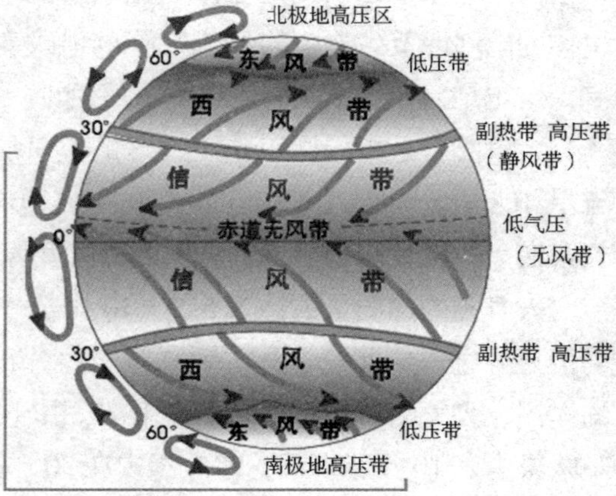

大气圈

大气圈中 O_2 含量的这种变化可以从岩石学中找到证据：世界上许多地方都发现叠层石，这种20亿—30亿年前形成的岩石外表上像一本本揉皱了的书，是古海洋中的河流冲积物在细菌作用下形成的。这个过程现代还在进行，不同之处是现代叠层石是在蓝绿藻作用下形成的，已经氧化；而30亿年前的叠层石却未受氧化，这说明当时大气中 O_2 很少。

另一个岩石学证据是：现已发现许多有经济价值的富铁岩石是20亿年前形成的。据认为20亿年前以还原状态溶解于古海洋中的铁与光合作用产生的 O_2 结合（氧化）而沉积下来形成岩石。海洋中大部分铁质被氧化、沉积后，生物所产生的 O_2 开始在大气中积累。因此，大气中游离 O_2 的浓度在大约20亿年前开始明显增加。根据这种理论，地壳中重要的铁矿与大气中的游离 O_2 均系生物作用的结果。

值得指出的是，这场“氧革命”的主角竟然是毫不引人注目的低等植物——蓝绿藻。

古海洋中蓝绿藻长期以来是释放 O_2 的主要生物。它与其他生物一样，在光合作用时摄入 CO_2，放出 O_2，但藻类本身的呼吸作用又吸入 O_2，把 CO_2 放回大气中。藻类死亡后沉入海底被覆盖后进行不完全的分解，造成 O_2 的摄入与释出之间微小的不平衡，使 O_2 有所积累。O_2 长期积累的结果最终改变了大气圈以及地球的面貌。如果没有生命的活动，则今天大气圈的组成将完全是另一种情况。

由此可见，生物圈是在大气圈与水圈、岩石圈的共同作用下产生的，但生物的出现以及生物圈的形成又深刻地改变了大气圈的组成和其他圈层的面貌，这也是自然界中互为因果的极好例证。

大气圈就是指包围着整个地球的空气层。大气圈的边界很难确定，但从流星和北极光的最高发光点推算，在离地球表面 800 千米的高空还有少量空气存在。所以，一般来说，大气圈的厚度为 1000 千米。

大气圈的总质量估计为 5.2×10^{15} 吨，相当于地球质量（5.974×10^{21} 吨）的百万分之一。大气质量在垂直方向的分布是极不均匀的。由于受地心引力的作用，大气的质量主要集中在下部，其中的 50% 集中在离地面 5 千米以下，75% 集中在 10 千米以下，90% 集中在 30 千米以下。

按照分子组成，大气可分为两个大的层次：均质层和非均质层（或同质层和异质层）。

均质层为从地表至 90 千米左右高度的大气层，其密度随着高度的增加而减小。除水汽有较大变动外，它们的组成是稳定均一的。这是由于大气低层的风和湍流连续运动的结果。

均质层上面是非均质层，根据其成分又可分为四个层次：氮层（距地面 90～200千米）、原子氧层（200～1100 千米）、氦层（1100～3200 千米）、氢层（3200～9600 千米）。在这四个层次之间，都存在过渡带，没有明显的分界面。

按大气的化学和物理性质，大气圈也可分为光化层和离子层，两层大致以平流层顶为分界线。

大气圈垂直方向有各种各样的分层方法。目前世界各国普遍采用的分层方法是 1962 年世界气象组织（WMO）执行委员会正式通过国际大地测量和地球物理联合会（IUGG）所建议的分层系统，即根据大气温度随高度垂直变化的特征，将大气分为对流层、平流层、中间层、热成层和逸散层。

对流层是大气圈的最低一层，其平均厚度约为 12 千米。对流层是大气中最活跃的一层，存在着强烈的垂直对流作用，同时也存在着较大的水平运动。对流层里水汽、尘埃较多，雨、雪、云、雾、雹、霜、雷、电等主要的天气现象与过程都发生在这一层里。此层大气对人类的影响最大，通常所指的大气污染就是对此层而言。尤其是在靠地面 1～2 千米的范围内，受到地形、生物等影响，局部空气更是复杂多变。对流层内大气温度随高度的增加而下降，其平均温度递减率约为 -6.5℃/千米。

对流层顶的实际高度随纬度位置和季节而变化。平均而言，对流层的高度从赤道向两极减小，在低纬度地区对流层高约 18 千米，中纬度地区为 11 千米，高纬度地区为 8 千米。

对流层相对于整个大气圈的总厚度来说是相当薄的，而它的质量却占整个大气总质量的四分之三以上。

从对流层顶以上到大约 50 千米的高度叫平流层，也叫同温层。平流层的下部有一很明显的稳定层，温度不随高度变化或变化很小，近似等温。然后随高度增加而温度上升。这主要是由于地表辐射影响的减少和氧及臭氧对太阳辐射吸收加热，使大气温度随高度增加而上升。这种温度结构抑制了大气垂直运动的发展，大气只有水平方向的运动。

在平流层中水汽和尘埃含量很少，没有对流层中那种云、雨等天气现象。

在平流层之上，距地面大约 50 千米的地方温度达到了最高值，这就是平流层顶。

平流层顶以上到大约 80 千米的一层大气叫作中间层。在这一层中温度随高度增加而下降。在中间层顶，气温达到极低值，是大气中最冷的一层。

在中间层内，大气又可发生垂直对流运动。该层水汽浓度很低，但由于对流运动的发展，在某些特定条件下仍能出现夜光云。在大约 60 千米的高度上，大气分子在白天开始电离。因此，在 60～80 千米是均质层转向非均质层的过渡层。

在中间层顶之上的大气层称为热成层，也称作增温层或电离层。在热成层中大气温度随高度增加而急剧上升。到大约 1000 千米，白天气温可达 1250°K～1750°K。在热成层中由于太阳和其他星球辐射各种射线的作用，该层中大部分空气分子大都发生电离，成为原子、离子和自由电子，所以这一层也叫电离层。

在热成层中由于太阳辐射强度的变化，而使各种成分离解过程表现出不同的特征。因此大气的化学组成也随高度增加而有很大的变化。这就是非均质层的由来。

在热成层之上的大气层称为逸散层。也称外大气层。是大气圈的最外层，在 800 千米以上。在外层，大气极为稀薄，地心引力微弱，大气质点之间很难相互碰撞。有些运动速度较快的大气质点有可能完全摆脱地球引力而进入宇宙空间去。

地球大气的主要成分是氮和氧，这种大气的化学组成在太阳系的九大行星中非常特殊。离地球最近的两颗行星——金星和火星的大气化学组成就与地球大气完全不同，其主要成分是二氧化碳，氧含量极少，几乎不存在。

地球大气的成分除主要气体氮和氧外，还有氩和二氧化碳，上述 4 种气体占大气圈总体积的99.99%。此外还有氖，氦、氪、氙、氢、甲烷、一氧化二氮、一氧化碳、臭氧、水汽、二氧化硫、硫化氢、氨、气溶胶等微量气体。

大气的组成

成　分	体积混合比	寿　命
氮（N_2）	0.78083	~10^6 年
氧（O_2）	0.20947	~5×10^3 年
氩（Ar）	0.00934	~10^7 年
二氧化碳（CO_2）	0.00035	5~6 年
氖（Ne）	1.82×10^{-6}	~10^7 年
氦（He）	5.2×10^{-6}	~10^7 年
氪（Kr）	1.1×10^{-6}	~10^7 年
氙（Xe）	0.1×10^{-6}	~10^7 年
氢（H_2）	0.5×10^{-6}	6~8 年
甲烷（CH_4）	1.7×10^{-6}	~10 年
一氧化二氮（N_2O）	0.3×10^{-6}	~25 年
一氧化碳（CO）	0.1×10^{-6}	0.2~0.5 年
臭氧（O_3）	$10\sim50\times10^{-9}$	~2 年
水汽（H_2O）	$2\sim1000\times10^{-6}$	~10 天
二氧化碳（SO_2）	$0.03\sim30\times10^{-9}$	~2 天
硫化氢（H_2S）	$0.006\sim0.6\times10^{-9}$	~0.5 天
氨（NH_3）	$0.1\sim10\times10^{-9}$	~5 天
气溶胶	$1\sim1000\times10^{-9}$	~10 天

在组成地球大气的多种气体中，包括稳定组分和可变的不稳定组分。氮、

氧、氩、氖、氦、氪、甲烷、氢、氙等是大气中的稳定组分，这一组分的比例，从地球表面至90千米的高度范围内都是稳定的。

二氧化碳、二氧化硫、硫化氢、臭氧、水汽等是地球大气中的不稳定组分。

另外，地球大气中还含有一些固体和液体的杂质。主要来源于自然界的火山爆发、地震、岩石风化、森林火灾等和人类活动产生的煤烟、尘、硫氧化物和氮氧化物等，这也是地球大气中的不稳定组分。

地球大气圈的形成与演化，经历了漫长的地质时期。现在大气圈的面貌是地球各圈层（主要是生物圈）塑造的。生物圈各组分与大气之间保持着十分密切的物质与能量的交换，它们从大气中摄取某些必需的成分，经过光合作用、呼吸作用和其残体的好气或厌气分解作用，又把一些气体释放到大气中去，使大气的组分保持着精巧的平衡。

知识小链接

大气层的气体密度

在地球引力作用下，大量气体聚集在地球周围，形成数千公里的大气层。气体密度随离地面高度的增加而变得愈来愈稀薄。探空火箭在3000公里高空仍发现有稀薄大气，有人认为，大气层的上界可能延伸到离地面6400公里左右。据科学家估算，大气质量约6000万亿吨，差不多占地球总质量的百万分之一。由于地磁场的保护作用，使得大气层在太阳风及宇宙高能射线流的刮蚀作用下得以保存。

大气组分的这种平衡一旦遭到破坏，就会对许多生物甚至会对整个生物圈造成灾难性的生态后果。

就以大气组分中的二氧化碳而论，尽管它在大气圈中只占0.03%，但对地球上的生物却很重要。据估算，生物圈每年由大气吸收的二氧化碳约为480×10^9吨，而向大气排放的二氧化碳也差不多是这一数值。19世纪工业革命以前，大气中二氧化碳的浓度一直保持在0.028%。工业革命后，随着人口增加和工业发展，人类活动已经开始打破了二氧化碳的自然平衡。植被（尤其是森林）的破坏和大量化石燃料及生物体的燃烧使生物圈向大气排放的二氧化碳量超过了它从大气中吸收的二氧化碳量，使大气二氧化碳浓度逐年上升，目前已经达到0.035%左右。由于二氧化碳具有吸收长波辐射的特性，而使地球表面温度升高，并因此导致一系列连锁反应，其中对人类影响较大的是温度上升会使极地冰帽融化，海平面上升，世界上许多地区将被淹没在海水之下。

相反，如果二氧化碳含量减少，则会引起气温下降，这种温度下降的幅度即使很小，也会带来很大的影响。因为温度下降会使作物生长期缩短，而导致产量减少。

对于含量极少的甲烷也是如此，其浓度目前为1.4毫克/千克，只要略有增高，在现有氧的浓度下就会因闪电而燃烧。而更重要的是，甲烷的“温室效应”比二氧化碳效果强300多倍。对全球变暖起着重要作用。

对于生命活动至关重要的氧更是如此。大气中氧浓度的降低或增高都会影响许多重要的生命过程和产生一些意想不到的恶果。氧浓度的大小决定了生物的演化过程。30亿年前，地球大气中氧的浓度只有现在浓度的千分之一，生命只可能出现在水下10米深处。大约距今6亿年时，地球大气中氧的浓度达到了现在浓度的百分之一，生物开始出现在水面上，这是生物发展史上的第一个关键浓度。到了大约4亿年以前，大气中氧的浓度达到了现在浓度的十分之一，生物从海洋登上了陆地，这是生物发展史上的第二个关键浓度。此后，地球大气中氧的浓度尽管也出现过小幅度的波动（比现在浓度高），但一直保持在一定的水平上，即复氧与耗氧之间达到了某种平衡。

另外，大气中氧含量如果由现在的21%增高至25%，则雷电就能把嫩枝与草地点燃，造成连绵不断的火灾，使全球植被化为乌有。当然，这只是一种假想的情况，因为发生森林火灾的同时也消耗了大气中的氧，这里还

拓展阅读

环境生态正在恶化

人类的活动使地球大气圈中CO_2含量明显增加，每年通过煤和石油的燃烧产生的CO_2总量为6.2×109吨，相当于现今大气圈中CO_2含量的$\frac{1}{250}$。温室效应的增长，臭氧层的破坏，一系列环境生态的恶化，对人类的生存环境提出了严重的挑战。环境保护已成为当代科学研究的焦点。

存在一些负反馈机制问题。

诚然，大气圈以其巨大的体积与质量，更由于存在着反馈机制，要想改变其组成的$\frac{1}{1000}$，$\frac{1}{1000}$乃至$\frac{1}{10000}$并非易事。然而，人类以其巨大的数量和今日高度发展的科学技术，确实在对大气圈发生着一定的影响。

水 圈

水以气态、液态和固态三种形式存在于大气、地表和地下。水在不断地以蒸发、凝结、降水、径流的方式转移交替，形成水的循环。人类社会的全部生活都与它有密切联系。海洋为人类提供了极其丰富的化学、矿产、动力和生物等资源，也是陆地风云变幻的源地、干湿冷暖变化的调节器。河流和湖泊为人类提供了灌溉、发电、渔业、城市供水和航运之便。存蓄在岩石裂隙和土壤空隙中的地下水，也是工农业生产、日常生活用水的重要来源。高纬度和高山地区的冰川不但是人类的固体水源，也控制着世界的气候和人类的生活方式。

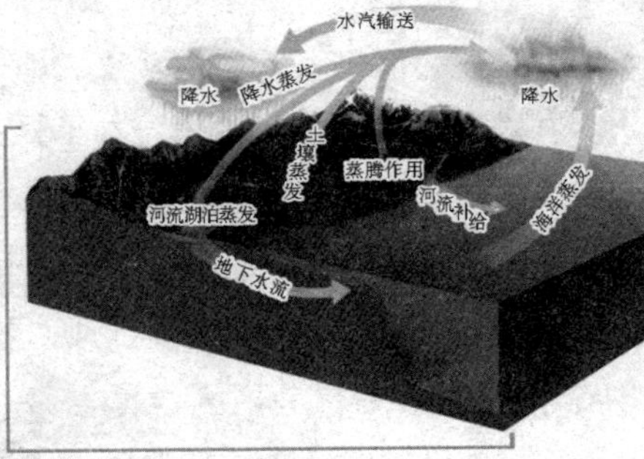

水循环

基本小知识

水的软化

含有较多可溶性钙、镁化合物的水叫硬水，不含或少含可溶性钙、镁化合物的水叫软水；可用肥皂水来区分硬水和软水，产生泡沫较多的水是软水，产生泡沫较少易起浮渣的水是硬水；使用硬水会给生活和生产带来许多麻烦；用蒸馏或煮沸的方法可以使硬水软化。

引起人们注意的是人类活动在不同方面造成水环境的破坏：1. 由于对水资源本身不合理的掠夺式开采所产生的对水环境和水资源的破坏（如过量引用地表水导致河湖干涸，过量汲取地下水导致地下水资源枯竭）。2. 由于人类在其活动领域的活动所产生的对水环境和水资源的破坏（如盲目围垦引起湖泊面积和体积缩小）。3. 工农业生产活动和生活活动引起的各类水体的水质污染。另外，如前所述，大气污染产生气候变化，使陆上积冰量随气温变化，如某一段时间气温上升或下降，就会出现大冰川或冰冠融化入海引起海平面大幅度上升，那就会给人类造成灾难。

生物圈

生物圈是地球表面最大的生态系统。地球在长期演化的过程中，形成了大气圈、水圈、岩石圈等不同的圈层。在地球表面，大气圈、水圈、岩石圈这三个圈层互相重叠、互相渗透、互相作用，形成水中有气、气中有水、土中有水有气的适合生物生存的环境。生物依靠三个圈层提供的物质和太阳辐射能量生存发展。同时在发展过程中，又不断地改造各圈层的成分和性质。

生物圈也叫生态圈，是由大气圈下层、水圈、岩石圈以及活动于其中的生物组成。从距地球表面 23 千米的高空，到地表以下 11 千米的深处（太平洋最深的海槽），都属于生物圈的范围。也就是说，地球外壳 34 千米厚度的这个范围都是生物活动的场所，但是，在生物圈的不同空间内，生物种类的多少，密度的大小，活动能力的强弱是不同的。地表以上、水面以下各 100 米的范围内，阳光比较集中，绿色植物能够繁茂生长，直接或间接依靠植物生活的动物、微生物也能频繁活动，这个范围称为活跃生物圈。一般来说，鸟类

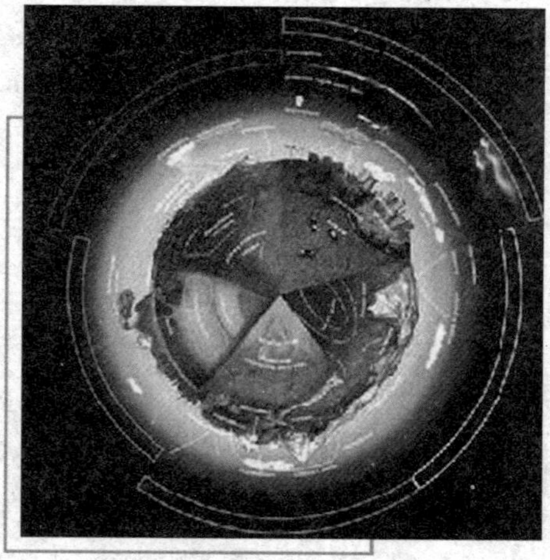

生态圈

的飞翔，树的生长，都不超过这个范围。活跃生物圈是地球上生物的主要分布区，生物种类多，群聚度高，活动能力强。这一范围也是农业生物生命活动所能适应的最大范围。生物圈向上扩展，因受缺少液态水和二氧化碳分压低的限制，绿色植物能够生活的高限约为6200米（在喜马拉雅山上）。从6200米再向上，只有少数蜘蛛类和螨类等小动物能生活。由于排泄物、蜕下的皮以及活的和死的有机体从光照的区域沉降到海洋深处，使生物圈的范围由活跃生物圈向下延伸，可达太平洋最深的海槽11千米的深度。我们把距地表以上100米直到9千米，距地表以下100米直到11千米的范围称为泛生物圈。在这个范围内，生物的种类、数量和活动能力随空中高度和水下深度的加大而减少或减弱。泛生物圈的外面，大约从距地表以上9～23千米的高空，只有少量呈休眠状态的生物（如细菌、真菌的孢子）存在，这一范围称为副生物圈。

趣味点击

含有水的诗词

1. 所谓伊人，在水一方。（《诗经·秦风·蒹葭》）
2. 水何澹澹，山岛竦峙。（曹操《观沧海》）
3. 白毛浮绿水，红掌拨清波。（骆宾王《咏鹅》）
4. 天门中断楚江开，碧水东流至此回。（李白《望天门山》）
5. 山重水复疑无路，柳暗花明又一村。（陆游《游山西村》）
6. 桃花潭水深千尺，不及汪伦送我情。（李白《赠汪伦》）
7. 杨柳青青江水平，闻郎江上唱歌声。（刘禹锡《竹枝词》）
8. 日出江花红胜火，春来江水绿如蓝。（白居易《忆江南》）
9. 泉眼无声惜细流，树阴照水爱晴柔。（杨万里《小池》）
10. 竹外桃花三两枝，春江水暖鸭先知。（苏轼《春江晚景》）

生物的生存受到周围环境的强烈制约，但另一方面生物对它周围环境也给予非常深刻有力的改造作用。生物长期生命活动所创立的新环境又对生物自身生活和发展产生影响。呼吸作用是生命的基础，光合作用是生物发展的前提，在呼吸和光合作用下进行氧和二氧化碳的物质循环，为生物的维持和发展提供了物质保证。大约33亿年前，地球上有了原始生物以来，生物不断在海中和陆上进行光合作用，释放游离氧，形成大气，使氨氧化成氮和水汽，使甲烷和 CO 氧化形成 CO_2、水汽等；还使地表岩石矿物形成红色松散风化物，其中一些藻类和地衣分泌酸类腐蚀矿物吸收养分，死后残骸一部分被细菌分解形成氮素，另一部分转化为有机质，从而形成真正的土壤，为高等植物生长提供了良好场所。而高等植物的类似变化更改善了土壤肥力。另外，植被也强烈制约着小气候、小环境，如植被改变地面温度条件，改变气流速度及空气湿度，并减少水土流失。

知识小链接

生态农业

生态农业是按照生态学原理和经济学原理，运用现代科学技术成果和现代管理手段，以及传统农业的有效经验建立起来的，能获得较高的经济效益、生态效益和社会效益的现代化农业。生态农业有以下明显的特点：能有效发展农业生产，充分合理利用自然资源，提高农业生产力，维护自然界的生态平衡。

在生物圈一定空间范围内，生物与其无机环境之间，各类生物之间存在着密切相互关系，共同构成统一体系，即生态系统。每个生态系统的生物种类、组成、数量、生物量和生产能力都受周围环境制约，而生物的存在和活动也对环境产生不同程度的改造作用。如此反复作用的结果，生态系统中的生物和环境都具有一定的稳定性，使其能量、物质的输入与输出大体平衡，构成所谓生态平衡。人类不合理地开发利用自然资源，常常不自觉地破坏

拓展阅读

生态农业的持续性

发展生态农业能够保护和改善生态环境，防治污染，维护生态平衡，提高农产品的安全性，变农业和农村经济的常规发展为持续发展，把环境建设同经济发展紧密结合起来，在最大限度地满足人们对农产品日益增长的需求的同时，提高生态系统的稳定性和持续性，增强农业发展后劲。

原有的生态平衡，甚至超出原生态系统及其生物能够忍受的限度，降低稳定性，引起复杂的连锁反应。如人类大规模不合理地捕杀动物、采伐森林、开垦草原，使生物资源直接受到毁灭性破坏或因环境恶化失去适宜生存的有利条件而绝灭。

地　壳

地壳是地球为人类提供赖以生息，赖以发展的矿产资源和能源的主要赋存地。由各种地球内动力引起的强烈构造活动，如地震、火山活动和海啸等；由地表外力引起的地表物质的运动如山崩、土流和泥石流等，大多发生在这里，给人类造成巨大灾害。而地壳中化学元素与生物和人体中化学元素也存在着密切联系。地球上不同地区的化学元素含量不同，引起各地动、植物群的不同反应，这种地球化学环境与人类健康和疾病的关系，也引起了人们的广泛重视。在地质历史的发展中，形成地壳表面元素分布的不均一性。这种不均一性在一定程度上控制和影响着世界各地区人体、动物和植物的发育，造成了生物生态的地区差异。有时这种不均一性会超过正常变化的范围，于是就造成了人类、动物和植物的各种各样的地方病。如由于地方缺碘和过量的碘，都会造成地方性甲状腺肿；含氟量高的地方使人慢性中毒，造成地方性氟病；环境缺钼、硒和亚硝酸盐，引起克山病以及大骨节病等。

另外，人类的生活和生产活动对地壳会产生影响和破坏，反过来又会给人类带来不利影响。大规模人工爆破、地下核试验、地下开采和大型水利工程超过岩层荷载而引起人工诱发地震，尤其是水库诱发地震，数十年来世

你知道吗

地球的结构

1910 年，南斯拉夫地震学家莫霍洛维契奇意外地发现，地震波在传到地下 50 公里处有折射现象发生。他认为，这个发生折射的地带，就是地壳和地壳下面不同物质的分界面。1914 年，德国地震学家古登堡发现，在地下 2900 公里深处，存在着另一个不同物质的分界面。后来，人们为了纪念他们，就将两个面分别命名为“莫霍面”和“古登堡面”，并根据这两个面把地球分为地壳、地幔和地核三个圈层。

界上已有几十例，给当地居民生命和财产造成很大伤害。另一方面是过量汲取地下水引起地面沉降。近半个世纪以来，世界许多国家的工业城市发生了地面沉降现象，特别是沿海城市的地面沉降最为严重，我国上海自1921年发现沉降至1965年最大处已达2.63米。地面沉降造成了建筑物和生产设施的破坏，阻碍了建设事业和资源开发，'造成海水倒灌，使地下水和土壤盐渍化。人类是搅动土地的巨大营力。现在人类拥有巨大的机械力量和炸药，能够把大量土壤和基岩从一处移到另一处。这些过程可完全破坏原来的生态系统与植物栖息地，导致岩体耗损，形成人为的泥石流、土流和山崩。

地幔和地核

据研究，地球约在47亿年前开始其演化历程，演化的初始温度接近1000℃。以后由于放射性加热，内部温度开始上升，在40亿—45亿年前，地球内部温度升高到铁镁的熔点。大量的铁下降到地核，以热的形式释放出约 2×103^{37} 尔格的重力能。这个热源极为巨大，足以产生广泛的熔融作用并改造地球的内部结构，产生地核、地幔和地壳的分层。它们之间物质相互交换和运移，在地幔中形成可塑性的软流圈。软流圈中以对流的形式进行热传导，致使其上的刚性岩石圈分成数个板块，犹如浮冰在慢慢漂移，产生了地球表面的大陆运移、海底扩张，山脉隆起、断裂、褶

拓展阅读

地球是个椭球体

地球是一个两极略扁的不规则椭球体。地球自西向东自转，同时又围绕太阳公转。地球自转与公转运动的结合使其产生了地球上的昼夜交替和四季变化。

地球自转和公转的速度是不均匀的。同时，由于受到太阳、月球和附近行星的引力作用以及地球大气、海洋和地球内部物质的等各种因素的影响，地球自转轴在空间和地球本体内的方向都要产生变化。地球自转产生的惯性离心力使得球形的地球由两极向赤道逐渐膨胀，成为目前的略扁的旋转椭球体，极半径比赤道半径短约21千米。

皱、岩浆侵入等构造作用，以及使人类遭受灾难的火山活动和地震等。

地球是一个统一的整体，各层圈、各部分是相互联系和相互影响的，其中物质和能量相互转换，相互循环。因此，很多环境污染物或人类不合理的活动虽然产生于某局部地方，但随着各种自然过程，它们的影响可波及其他地方，甚至可能扩展为全球的规模，潜伏下严重后果。还有一些因连锁反应、影响深远的全球环境，各层圈各种人为的环境破坏，都会损害全人类的生存环境，引起全球性的、危及后代的重大环境问题。因此，保护环境，节约资源，科学地控制人口增长，创建人类美好的生活环境，已成为地球上所有人的共同责任。

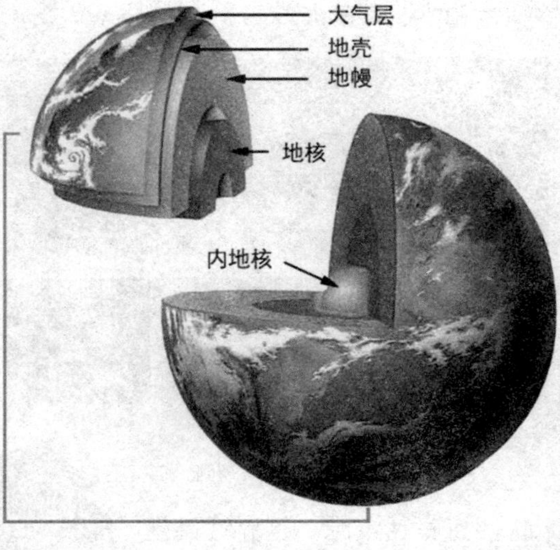

地球结构图

基本小知识

铁

铁是最常用的金属。是地壳含量第二高的金属元素。中国是最早发现和掌握炼铁技术的国家。1973 年在河北省出土了一件商代铁刃青铜钺，表明我国劳动人民早在 3300 多年以前就认识了铁，熟悉了铁的锻造性能，识别了铁与青铜在性质上的差别，把铁铸在铜兵器的刃部，加强铜的坚韧性。经科学鉴定，证明铁刃是用陨铁锻成的。随着青铜熔炼技术的成熟，逐渐为铁的冶炼技术的发展创造了条件。人体中也含有铁。

矿产资源

迄今为止，全世界发现的矿产近 200 种（我国发现 168 种），据对 154 个国家主要矿产资源的测算结果，世界矿产资源总的潜在价值约为 142 万亿美元。

世界上蕴藏量最丰富的大概就是黑色金属了。黑色金属，包括铁、锰、铬、钛和钒 5 种矿产。

珍贵的矿产资源

1992 年世界铁矿石储量为 1500 亿吨，俄罗斯、澳大利亚、巴西、加拿大、美国、印度和南非七国共占有世界铁金属储量的 84%。按年产 10 亿吨铁矿石计算，目前世界铁矿石储量的静态保证年限为 151 年。

锰储量为 7.26 亿～8 亿吨，未包括海底锰资源。世界锰储量的 80% 以上集中在俄罗斯和南非。上述储量的静态保证年限为 40 年。但由于有海底锰结核和锰结壳这一未开发的资源潜力，世界不必担心锰矿资源不足。

铬、钛、钒金属已探明的储量分别为 14 亿吨、2 亿吨（钛铁矿）、1000 万吨，静态保证年限分别为 132 年、55 年和 312 年。

有色金属，包括铝、铜、铅、锌、铝、钨、锡、钼、锑、镍、镁、汞、钴、铋等 14 种矿产。

世界铝土矿资源丰富，储量巨大，探明储量达 230 亿吨。澳大利亚、几内亚、巴西、牙买加等国是世界铝土矿资源大国。世

广角镜

地球的天然卫星

月球俗称月亮，也称太阴。在太阳系中是地球中唯一的天然卫星。月球是最明显的天然卫星的例子。在太阳系里，除水星和金星外，其他行星里面都有天然卫星。月球的年龄大约有46 亿年。月球有壳、幔、核等分层结构。最外层的月壳平均厚度约为 60～65 公里。月壳下面到 1000 公里深度是月幔，它占了月球的大部分体积。月幔下面是月核，月核的温度约为 1000 度，很可能是熔融状态的。月球直径约 3476 公里，是地球的$\frac{1}{4}$。体积只有地球的$\frac{1}{49}$，质量约 7350 亿亿吨，相当于地球质量的$\frac{1}{81}$，月球表面的重力差不多是地球重力的$\frac{1}{6}$。

界现有储量的静态保证年限达216年以上。

除铝外，世界钴资源保证年限也较高，其储量为400万吨，静态保证年限为168年。此外，海底丰富的钴资源可以确保人类无缺钴之虑。

其他有色金属中，钼、钨、镍、锑的探明储量静态保证年限均在50年到60年之间；铜、铅、锌、镁、汞、铋则显得有所不足，其静态保证年限一般在30年或30年以下。

知识小链接

我国自然资源状况

我国水资源总量占世界水资源总量的7%，居第六位，为世界人均水量的25%，居世界第一百一十九位；我国森林面积为15894.1万公顷，覆盖率达到16.55%，蓄积量112.7亿立方米。全国除香港、澳门、台湾地区外，人工林面积4666.7万公顷，居世界首位。

我国石油资源量约为1040亿吨，天然气资源量约47万亿立方米。通过对不同类型盆地油气勘查，我国石油可采资源量为150亿～160亿吨，天然气可采资源为10万～14万立方米。我国在世界103个产油国中，属于油气资源“比较丰富”的国家；煤的资源总量稳居世界第一，而且如果全世界都只烧煤的话，我国的煤的储量可供全世界的人烧大约100年。

贵金属和稀土，除金、银储量消耗过快外，铂族金属和稀土氧化物资源不足为虑。

非金属，包括硫、磷、钾、硼、碱、萤石、重晶石、石墨、石膏、石棉、滑石、硅灰石、高岭土、硅藻土、金刚石等矿产。这些是世界上极为丰富的资源之一，其中除硫、金刚石，特别是金刚石资源严重不足，静态保证年限较低以外，其他都可以成为未来工业和人们生活可资依赖的矿产原料来源。

总的看来，世界矿产资源中期供需形势较为缓和，但资源短缺与人口增长及经济发展的需求之间的矛盾将继续存在，资源供需形势将出现周期性波动。

20世纪90年代初期，世界矿产资源供需形势与20世纪80年代末期相比没有出现重大转机。由于全球性特别是在世界经济中占主导地位的工业化国家经济持续不景气，加之前苏联和东欧各国经济在转轨过程中大幅度下滑，全球经济进入了长达五六年的调整阶段。世界经济增长率明显下降，继 1991 年出现 0.3% 的负增长之后，1992 年工业化国家平均经济增长率为 1.6%，东欧和独联体各国经济继续大幅度下滑。与此相对照，发展中国家作为一个整体，其经济呈现出良好的势头，1991 年增长 3.4%，1992 年达 4.5%，亚洲国家超过 6%。

由于工业化和经合组织国家经济结构改组、新技术革命导致基础原材料消耗降低以及节约、替代等原因，矿产原料的使用强度正在逐年减少。工业化和经合组织国家的矿产原料消费量增长缓慢，多数矿产品供过于求，导致生产能力过剩、矿产品积压、价格下跌——呈现全球性的矿业萧条。

这段时间里，矿产品需求的增长主要在发展中国家和地区，特别是亚太地区。在工业化国家和经合组织国家的钢、铝、铜、锌等消费量以不同幅度下降时，亚太地区的金属使用强度呈上升趋势。过去 10 年中，亚太地区钢的用量平均年增长 2.2%，锌年增长 0.5%，铜的使用强度平均年增长率高达 8.4%。预计今后 10～20 年内，亚太地区的矿产品消费量仍将有较快的增长，原因是拥有庞大人口的国家——中国和印度，人均有色金属消费量只及日本或英国的 $\frac{1}{20}$～$\frac{1}{10}$。

能源和矿产资源供需形势变化还可以从另外一个角度去分析。20 世纪以来，人类对矿产资源的需求显著增加了，1901—

拓展思考

我国的资源问题

我国资源总量丰富，但人均占有量少，总体质量不高，分布不均。其特点为总量大、人均少、开发程度和利用率低。表现在资源危机、水危机；因使用不当造成浪费和环境污染。

解决的方法是“开源”与“节流”——用可再生资源代替非可再生资源，解决矿产资源用一点就少一点的问题；努力发掘新资源，研制新材料；大力发展“废弃物资源化”；跨区域调配——南水北调、西气东输；立法保护——《土地管理法》、《草原法》、《森林法》等。

1980 年全世界采出的矿物原料价值增长了 9.6 倍，其中后 20 年为前 60 年的 1.6 倍。石油农业的发展使农业对矿物原料的依赖程度提高了，工业和整个经济对能源和矿产资源消耗的规模进一步加大。对 1986 年 50 个国家的统计表明，人均国民生产总值与能量及人均能源消耗呈线性正相关关系：人均国民生产总值不到 1000 美元时，人均能耗在 1500 千克（标准煤）以下；人均国民生产总值为 4000 美元时，人均能耗随之上升，达 10000 千克（标准煤）以上。近年来，虽然世界对矿物原料需求速度相对有所降低，但资源消费的绝对数量仍然在增加。而且，20 世纪 80 年代以来，世界矿产品贸易额不断增长，到 1987 年出口贸易额（包括能源产品）已达 4420 亿美元，占世界出口总额的 17.7%。1991 年世界矿产品出口贸易值约为 6850 亿美元，比 1990 年增长 6%。预测 21 世纪，世界矿产品贸易额仍将是缓慢增长的趋势。

大量的统计资料表明，人类社会在不同的经济发展阶段，对矿产资源的消耗强度呈生命曲线。所以在观察矿产资源供需形势时，我们要掌握两点：一是不同国家不同发展阶段的需求不同，大多数发展中国家在未来 30 年至 50 年中，年轻矿产仍保持一定的需求增长，而新矿产则呈强劲增长趋势。

土地资源

土地是地球表面人类生活和生产活动的主要空间场所。土地资源则是指在一定生产力水平下能够利用并取得财富的土地。地球上能够被人类支配的土地大约为 2010 亿亩，其中耕地 225 亿亩，天然草地 450 亿亩，林地 600 亿亩，城市居民点、工矿交通用地及山脉、沙漠、沼泽等 73.5 亿亩。另有终年冰雪覆盖的土地 225 亿亩，这部分土地不能

人类赖以生存的土地资源

为人类所利用而不在土地资源之列。有人估计，人类的食物88%由耕地提供、10%由草地提供，这可以说明土地对人类是多么的重要。

非洲是世界上土地资源分布最广的地区，总面积为30.31亿公顷。其次是亚洲，土地资源总面积为27.54亿公顷。

我国土地总面积为960万平方千米（144亿亩），占亚洲陆地面积的$\frac{1}{4}$，占世界陆地面积的$\frac{1}{15}$，仅次于俄罗斯和加拿大，居世界第三位，与欧洲面积相当。144亿亩土地中，29.95亿亩（占20.80%）是沙质荒漠、戈壁、寒漠、石骨裸露山地、永久性积雪和冰川；耕地只有14.9亿亩，占全部土地的10.4%，且含各类低产地5.4亿亩。因此，人均耕地只有1亩多，而世界人均耕地面积为5.5亩。人均占有土地资源偏低，使得中国人口与土地资源的矛盾十分突出。

而且，我国土地资源类型多样，山地明显多于平原，农业土地资源地区分布极不平衡，90%以上的耕地、林地和水域分布在东南部的湿润、半湿润地区，草地则集中在西北部干旱、半干旱地区；土地后备资源潜力不大，耕地后备资源不足。这些都是制约我国农业发展和粮食供给的不利因素。

土地是人类祖祖辈辈生息繁衍之地，人类的一切活动都离不开土地。土地的过度开发以及人类其他活动的影响，使得土地资源面临有史以来最严峻的形势。水土流失已成为一个全球性问题，几乎没有得到任何有效遏制。世界耕地的表土流失量每年约为240亿吨，美国每年流失土壤15亿吨，印度47亿吨，中国约50亿吨。土壤过度流失的直接后果是土层变薄，土地的生产能力下降。

土地沙漠化的范围和强度不断扩大。从19世纪末到现在，荒漠和干旱区的土地面积由11亿公顷增加到26亿公顷。联合国估计每年有2100万公顷农田由于沙漠化而变得完全无用或近于无用的状态，每年损失的农牧业产量价值达260亿美元。不仅如此，全世界35%以上的土地面积正处在沙漠形成的直接威胁之下，其中以亚洲、非洲和南美洲尤为严重。

全世界土地自然退化现象也极为严重。把土地退化区分为人工退化和自然退化是非常必要的。人工退化是指由于人口增加而导致的居民点扩大，工矿、交通用地增加而侵占了原来的耕地，另外一个重要方面是对粮食的需求促使土地改变用途，这种改变从本质上来说往往是不适宜的，结果导致了土地迅速退化。自然退化则是由于耕作期过长、过密，掠夺式经营，重用轻养，以及灌溉不当，使大片土地变成盐碱地或贫瘠地，自然退化不包括因水土流失、荒（沙）漠化而造成的那部分。土地自然退化每年至少使 150 万公顷的农田降低了生产力。

知识小链接

土壤的组成

土壤由岩石风化而成的矿物质、动植物残体腐解产生的有机质、土壤生物以及水分、空气、腐殖质等组成。固体物质包括土壤矿物质、有机质和微生物等。液体物质主要指土壤水分。气体是存在于土壤孔隙中的空气。土壤中这三类物质构成了一个矛盾的统一体。它们互相联系，互相制约，为作物提供必需的生活条件，是土壤肥力的物质基础，能够生长绿色植物。

在许多发展中国家，耕地明显不足。目前，全世界人均耕地约 0.28 公顷，亚洲人均耕地只有 0.15 公顷，且全部可耕地的 82% 以上已投入耕作生产，更显得土地资源不足。

土地资源，特别是可耕地的急剧减少，直接影响到世界粮食生产。世界资源研究所指出，粮食下降从 20 世纪 70 年代始于非洲，20 世纪 80 年代初这种下降扩展到了拉丁美洲，20 世纪 80 年代后期又扩展到整个世界。进入 20 世纪 90 年代以后，由于农田和地球环境状况仍在恶化，产量仍在下降，粮价大幅度提高，发展中国家人均粮食配给水平持续下降，严重的营养不良使非自然死亡的人数达到了惊人的数字——第三世界每天就有千万个婴儿死于营养不良。如果土地资源短期内得不到根本性的改善，粮食储备日渐减少将成为定局。更为严重的是，在这种情况下人们对迅速重建粮食“库存”将毫无信心。粮食短缺将成为大部分发展中国家未来前景的一部分。

世界历史上的粮食生产增长大部分都是由于扩大耕地面积，包括重新使用闲置的耕地的结果，少部分则由于新技术——如绿色革命——造成的。时至今日，人们的选择余地越来越小了。对土地资源而言，更新和恢复业已退化的耕地——不管什么原因造成的土地退化——恐怕是唯一可行的办法。对于农业来说，当然还要包括农业革命在内。尽管要真正更新或者恢复已经退化的土地难度很大，但并非不可为。国际自然与自然资源保护联盟在 20 世纪 80 年代末提出了有关的方针。方针要求国际保护计划更注意退化土地的程度和情况，要求多国开发银行资助试验性重建计划，并要求生态学家更彻底地研究这一退化对生态系统的压力和干扰。1992 年召开的巴西里约联合国环境与发展会议对土地退化给予了高度重视，这次会议通过的《21 世纪议程》，该议程中专门设置了第十章“统筹规划和管理陆地资源的方法”。

我国是世界上人口最多的国家，人均耕地面积只有世界人均的五分之一，人多地少的矛盾比任何国家都突出。水土流失、森林赤字、土地沙化、水面减少等种种问题有增无减。全国水土流失面积达 153 万平方千米，每年流失泥沙 50 多亿吨，带走氮、磷、钾约 4000 多万吨，森林赤字近 1 亿立方，草原退化面积 7.7 亿亩，土地沙漠化面积平均每年扩展 1500 平方千米，陆地河流湖泊面积日益缩小。1954 年以来，长江中下游地区天然水面减少了约 13000 平方千米。江河平原解放初有湖泊 1066 个、8000 多平方千米，现只剩下 326 个、3000 平方千米。中国科学院国情小组著名的预警报告《生存与发展》的研究成果表明，我国目前土地资源生产力——年生物生产量约 32 亿吨干物质，其合理的人口承载量为 9.5 亿，超载人口约 1.3 亿；到 2000 年土地资源生产力约 35 亿吨干物质，包括粮食 7200 亿斤，合理的人口承载量为 11.6 亿，超载人口约 1.4

你知道吗

土壤的肥力

有机质含量的多少是衡量土壤肥力高低的一个重要标志，它和矿物质紧密地结合在一起。在一般耕地耕层中有机质含量只占土壤干重的 0.5% ~2.5%，耕层以下更少，但它的作用却很大，农民群众常把含有机质较多的土壤称为“油土”。土壤有机质按其分解程度分为新鲜有机质、半分解有机质和腐殖质。腐殖质是指新鲜有机质经过微生物分解转化所形成的黑色胶体物质，一般占土壤有机质总量的85% ~ 90%以上。

亿。我国土地潜在的自然生产力——年生物生产量约为 72.6 亿吨干物质，按温饱标准计算，其理论的最大人口承载能力为 15 亿～16 亿。在严格控制人口的条件下，2030 年中国人口将达到或接近土地资源的承载极限。

森林草地资源

森林和草地作为陆地生态系统最复杂最重要的一部分，一方面它的绿色是地球上一切的象征，是自然界物质和能量交换的最重要的枢纽；另一方面，覆盖着地球表面约 84% 的森林和草地为人类提供了木材、肉食和牛奶等基本生活品。

地球上分布着多种基本类型的森林和林地。北半球主要是辽阔的常绿针叶林带和落叶阔叶林带；在热带纬度线以北，非洲、亚洲和拉丁美洲的北部干旱或半干旱地区，则分布着热带稀树草原林地；赤道两侧的低纬度高温高湿环境，分布着热带雨林。

森林资源

地球上的郁闭林约有 28 亿公顷，占地球陆地总面积的 21%。郁闭林的 43% 分布在热带，57% 分布于温带地区。郁闭林的 62% 是阔叶林，38% 为针叶林。发达国家拥有世界针叶林的 30% 以上，而 75% 的阔叶林分布在发展中国家。俄罗斯地区、巴西、加拿大、美国拥有全世界郁闭林总面积的一半以上。相比之下，欧洲占的份额最小，仅拥有 1.45 亿公顷。

草地。联合国粮农组织评估后认为，世界土地面积中约有一半可划为草地，约 67 亿公顷。亚洲、非洲所拥有的草地资源最多，分别为 12 亿公顷和 19 亿公顷，其次是北美洲、俄罗斯地区、南美洲和大洋洲；欧洲、中美洲最少。在我国，草地约占国土面积的 40%，即 4 亿公顷，这一数据为全国耕地面积的 4 倍。

草地为世界牧业生产提供了近一半的面积（47%），但地域差异相当大。中国、蒙古、印度尼西亚的畜牧生产几乎完全是集中的，许多南美洲国家则

草地——牧业繁衍生息的基础

与此相反，阿根廷、乌拉圭和巴拉圭主要靠占其土地总面积 80% 的草地。

和其他自然资源一样，世界各国的森林和草地资源也在遭受不同程度的破坏。据联合国粮农组织统计，地球上每分钟有 20 公顷森林被毁掉。1950 年以来，全世界森林已损失了一半。

热带雨林是人们最为关心的。热带雨林覆盖了全球土地资源面积的六分之一（约 19.35 亿公顷）。它不仅孕育着数百万种动植物，还养育着生活在该区域的近 10 亿人口。然而，象征着巨大财富的热带雨林正以惊人的速度消失。在过去的 30 多年中，由于大量的毁林开荒、砍伐林木，已有 40% 的热带雨林遭到破坏，对热带雨林的滥伐速度是每年 610 万公顷。如果按这一速度持续下去，热带雨林只需 180 年就将全部被伐完。遗憾的是，现有的滥伐速度还将持续一个时期。

发展中国家森林破坏尤为严重，而这一地区的森林占了世界一半以上的数量。发展中国家的森林状况很容易使人想起工业化国家发展初期那一幕，当时世界上三分之一的温带林被砍伐一空。现在，大部分工业化国家的净毁林面积基本稳定下来，而美洲（南美和拉丁美洲）、亚洲和非洲地区的森林面积在以平均每年 0.62% 的速度减少。拉丁美洲三分之二的森林已经消失。南美

广角镜

最不怕冷的植物

一般植物生长活动的最低温度是 0℃。每到冬天，千里冰封，大地上几乎找不到红花绿叶。但是，也有一些不怕寒冷的“英雄好汉”，例如：我国西藏高原，生长在 5000 米高处的雪莲花，能对着皑皑白雪，开出紫红色的鲜花。阿尔泰山的银莲花，能在 -10℃ 的环境下，从很厚的雪缝中钻出生长。有些松柏类植物，能抵御 -30℃ ~ -40℃ 的低温。

的巴西拥有世界上最大的幸存热带森林，但无论是亚马孙森林区还是该区以外的森林都在以每年 110 万 ~ 180 万公顷的速度消失，其森林面积正从占全国总面积的 80% 减到 40%。非洲仍在以年平均 89.1 万公顷的速度滥伐森林。非洲的尼日利亚曾是一个主要的热带原木出口国，但在多年过度采伐和毁林种地后，原木出口量急剧减少。亚洲每年砍伐掉的森林达 850 万公顷，印度森林面积减少了 40%，泰国从木材出口国变为木材进口国。

滥伐森林的根本动因是毁林开荒，农业开垦约占每年毁林面积的 60%，剩下的 40% 中，伐木和其他性质的利用各占一半。

人类保护日趋减少的森林资源的任务是十分艰巨的。每年新增的大量人口所需粮食供给也要相应增加，从而给原本就无力承受的耕地带来更大的压力。为了增加有限的耕地面积，人们不得不毁林开荒。另外一个事实是，发展中国家仍需砍伐树木用作薪柴，这占其木材消费量的绝大部分。因此，人们要想真正做到切实保护现有的森林资源并大力植造新林，减少森林耗减，降低森林破坏带给人类的各种灾害的程度，尚需付出巨大的努力。

近年来呈现在我们面前的景象是世界许多地方的牧民不得不争夺逐渐转变为耕地的草地。1970—1985 年，亚洲的可耕地和永久性耕地的总面积增加了 3.3%，而永久性放牧地总面积却下降了 2.8%；在葡萄牙，较适于作永久性放牧的土地被用来种植小麦和其他农作物，导致水土流失和肥力下降。用于放牧的土地面积减少最多的是撒哈拉南部非洲半干旱地区，这是由于人口增加、耕地延伸至草地的缘故。这一

趣味点击　最能贮水的草本植物

茫茫的沙漠中，气候特别干燥炎热，一年的降雨量很少，一般不超过 25 毫米，有的地方甚至整年不下雨。

生长在这些地区的植物，对于干旱有很大的适应能力。有“沙漠英雄花”美名的仙人掌，就有惊人的忍受干旱的能力，这是因为它有特殊的贮存水分的本领。特别是墨西哥沙漠中的巨柱仙人掌，长得像一根分叉的大柱子，通常有六七层楼那样高，粗得一个人抱不拢。有趣的是在它那巨大的身躯里，竟贮存着 1 吨以上的水。当地过路人常常砍开这种仙人掌，取水解渴，喝个痛快。

切发生之前人们还不会忘记撒哈拉大沙漠原来竟是大草原的历史。而且仅在过去的50年里，仅在撒哈拉沙漠南缘，又有65万平方千米富饶的土地变成了沙漠。

过度放牧，重用轻养也导致了草地退化、沙化和水土流失以及气候恶化等生态问题。

重点看一下中国，下列数据会使我们如坐针毡。由于森林的破坏和草原的退化，20世纪下半叶以来，我国沙漠化面积扩大了1倍，从66.67万平方千米扩大到近140万平方千米，约占全国土地总面积的13.5%，另有三分之一的天然草场不同程度地受到沙漠化的威胁。

淡水资源

淡水生态系统包括江河、溪流、泉水与湖泊、池塘、水库等陆地水体，总面积为4.5×10^7平方千米。水的来源主要靠降水补给，含盐度低。根据水的流速不同，可分为流水和静水两类，它们之间常有过渡类型，如水库等，有时难于把流水与静水截然分开。

流水生态

◎ 流水生态系统

流水生态系统包括江、河、潭、泉、水渠等。流动水一般发源于山区，纵横交错的各级支流汇合成江河，最后多注入大海。随水的流速不同，还可分为急流和缓流。一般来说，水系的上游落差较大，水的流速大于50厘米/秒，河床多石砾，为急流。在急流中，初级生产者多为由藻类等构成的附着于石砾上的植物类群；初级消费者多为具有特殊附着器官的昆虫；次级消费者多为鱼类，一般体型较小。水系的下游河床比较宽阔，水的流速低于50厘米/秒，河床多为泥沙和淤泥构成，为缓流。在缓流中，初级生产者除藻类外，还有高等植物；消费者多为穴居昆虫幼虫和鱼类，它们的食物能源，除水生植物外，还有陆地输入的各种有机腐屑。

◎ 静水生态系统

静水生态系统包括湖泊、池塘、沼泽、水库等。静水并非绝对静止，只是水流没有一定方向，水的流动缓慢。在静水生态系统中，由滨岸向中心，由表层至深层，又可分为滨岸带、表水层和深水层。从滨岸向中心，因水的深度不同，初级生产者的种类也不相同，依次分布着：湿生树种（如柳树、水松等）—挺水植物（如芦苇、香蒲、莲等）—浮叶植物（如菱、睡莲等）—沉水植物（如苦草、狐尾藻、金鱼藻等）。消费者为浮游动物、虾、鱼类、蛙、蛇和水鸟等。表水层因光照充足、温度比较高，硅藻、绿藻、蓝藻等浮游植物占优势，氧气的含量也比较充足，故吸引了许多消费者如浮游动物和多种鱼类。深水层由于光线微弱，不能满足绿色植物的需要，故以底栖动物和嫌气性细菌为主，底栖动物靠各种下沉的有机碎屑为生。

和谐水域

海洋资源

海洋覆盖着地球表面的71%，约3.6亿平方千米，世界海岸线总长59.4万千米，具有广阔的空间和丰富的资源。浩瀚的海洋中生长着18万种动物和2万种植物。世界海洋鱼类可捕量每年达1亿多吨。海上石油和天然气资源量目前

你知道吗

河流名称知多少

“不积小流，无以成江海”。一条奔腾的江河，是由许多条大小支流汇集而成的。雨水、融雪水、地下水形成溪涧，小溪汇集到一起成为江河，江河在沿途又接纳了雨水和支流，就更加浩荡地向前流去。一般来说，世界上较大的江河都有固定的发源地，有雨水、冰雪融水、地下水等多种补给来源不断地补充河水，使它滔滔不绝，奔流不息。

河流的名称很多。一般把水量大、流程长的称作“江”、“河”、“川”，相反则叫作“溪”或“涧”。

尚无准确数据。据法国石油研究所估计，世界石油资源极限储量 10000 亿吨，可采储量 3000 亿吨，其中海上石油可采储量 1350 亿吨。美国专家威克斯认为，世界石油可采储量为 3150 亿吨，其中海上石油 1100 亿吨。另外，据美国科学家估计，全世界油气远景沉积盆地面积 7746.3 万平方千米，其中位于海域的约 2639.5 万平方千米，占 34%。按以上综合估计，海上石油资源量大体在 3000 亿吨 ~ 4000 亿吨。海上天然气储量大约为 140 万亿立方米。现已探明的石油和天然气储量分别为 400 亿吨和 30 万亿立方米。大洋底的其他矿产资源蕴藏量巨大，远远超过了陆地同类资源总量，如大洋中的锰结核储量约 3 万亿吨，其中含锰元素 2000 亿吨，为陆地储量的 40 倍；镍元素 164 亿吨，为陆地储量的 328 倍；钴元素 58 亿吨，为陆地储量的 1000 倍；铜元素 88 亿吨，为陆地储量的 40 倍。海水中铀的总储量约为 40 亿吨，这一数据是陆地的 2000 ~ 4000 倍。海水中还含有大量的镁、溴、白银和黄金。海盐几乎是取之不尽的海洋资源，推算 1 立方千米的海水中就含有 3000 千万吨盐，全世界的海水中含盐量高达 5×10^8 亿吨。海洋中各种再生能源的理论蕴藏量十分惊人，每年可达 300000 万亿吨 ~ 400000 万亿吨标准煤，其中潮汐能每年约有 30 亿吨标准煤。

广义的海洋资源还包括海岸带资源，如滩涂资源、淡水资源、植物和森林资源、海滨砂矿资源、港口资源和旅游资

拓展阅读

我国的江河湖泊

我国江河众多，河流总长达 43 万千米。流域面积在 100 平方千米以上的河流约有 5 万多条，1000 平方千米以上的有 1580 条，超过 1 万平方千米的大江河有 79 条。长度在 1000 千米以上的河流有 20 多条。长江、黄河分别为中国的第一、第二大河，京杭运河则为著名的人工河。

我国湖泊密布，共约有天然湖泊 2.49 万个。面积在 100 公顷以上的天然湖泊有 2800 多个，10 万公顷以上的大湖有 13 个。湖泊主要分布在长江中下游平原和青藏高原。东部多淡水湖，其面积约占湖泊总面积 45% 左右，著名的有鄱阳湖、洞庭湖、洪泽湖、太湖、巢湖。西部多咸水湖，著名的有青海湖等。

源等。这些都是一个国家主权区域内的资源，因此对海洋国家来说更为重要。

海洋资源由于异常丰富和对未来的作用而被誉为21世纪的资源。

从人类及其开发利用自然资源的历史可以看出，人类对海洋资源和空间的开发利用同样历史悠久，而且发展至今已形成许多海洋产业。这些产业可以分为传统的、新兴的和未来的三大类。

海洋资源开发

传统的海洋产业包括海洋渔业、海水制盐业和海上运输业。

海洋不愧是世界最大的渔场。统计在册的数据表明，全世界每年从海洋中捕获的鱼类数量超过了9000万吨，接近于海洋每年可供的1亿吨鱼类捕获量。1986年，世界鱼类捕获量估计为9100万吨，如果加上许许多多的自用或销售范围很小的手工捕鱼业的数据的话——这部分数据无法估计，上述由联合国粮农组织（FAO）公布的数据则远远低于实际捕获量，这意味着人类每年的鱼类捕获量超过了海洋所能维持的最大产量。世界海洋渔业的产量在近40年内增加了4倍以上。1950年海洋鱼类捕获量为1760万吨。此后经历了1958—1971年的稳定增加期和1973—1988年的迅速增长期之后，目前趋于平稳。其间1972—1973年由于厄尔尼诺及其对秘鲁渔场的影响而出现下降，但1950—1970年平均增长率达到7%，超过了世界粮食产量的增长速度。海洋所提供的鱼产品占全世界水产品消费的90%。对鱼类需求的大量增加来自于发展中国家，这是因为发展中国家人口增多的缘故。发展中国家所需要的鱼类比1980年增加2250万吨，发达国家则要低得多，只需590万吨。世界范围内各国的鱼类消费水平差异也很大。日本、冰岛、丹麦、挪威、马来西亚、朝鲜和韩国等国平均每人每年消费40多千克，而危地马拉、埃塞俄比亚还不到1千克。这一数据所无法表示的含义是，一些西非和亚洲的发展中国家是将鱼作为一种重要的蛋白质原料来看待的，尽管这些国家的鱼类产品消费量不高。世界上海洋鱼类捕获大国有日本、美国、秘鲁、挪威、俄罗斯、朝鲜、韩国、西班牙、加拿大、印度、印度尼西亚、冰岛、丹麦、中国等国家。

人类靠无限制地增加捕获量的做法是危险的，这会危及今后若干年的鱼类繁殖，而且，世界已把开发海洋资源作为21世纪解决人类所面临的人口、资源与环境问题的基础，也决不再允许这样做。于是人们寻求扩大水产养殖和转移一些作为动物饲料而出售的鱼类到人的消费市场上去。这两项的潜力是巨大的。估计水产养殖每年可以提供1000万吨的鱼类产品——目前已近800万吨。而目前用于动物饲料的鱼类产品占到总捕获量的40%左右，1986年还曾上升到45%。再加上各类鱼种——而不是仅消费某几种鱼的消费市场的扩大，便可以较完满地解决人类所需的鱼类产品的问题了。

海水制盐

海水制盐业也是传统的海洋产业。我国在这一领域发展很快。春秋战国以前我国沿海已开始利用海水制盐，至春秋时代制盐业成为富国之本。如今我国的盐田面积近500万亩，海盐的年产量达1000多万吨（约占全国原盐产量的55%），稳居世界首位。我国的海盐业主要分布在北方的黄海、渤海一带，这一地区的海盐产值占全国的85%以上。

由于海洋是连接各大洲的通道，在经济上海洋运输远比空中运输划算得多，因此海洋运输在世界贸易运输中的地位是显而易见的。目前世界上共有吨位在300吨以上的商船34083艘，总吨位6.46亿吨。全世界共有港口980多个，其中用于国际贸易的商港2300多个。世界大洋航线密如蛛网，承担着世界贸易中绝大部分的货物运输。据统计，每年经海洋运输的货物达40多亿吨，占世界外贸物品的五分之四。海洋运输的效益持续增加，这又刺激了它的发展。目前大型船舶、油轮的载重量达到50万～70万吨，矿石船载重达到15万吨，集装箱运输、滚装和管道装卸等专用船舶发展也极为迅速。与之配套的各类专用码头日益增多，设备现代化程度和管理效率也大大提高。

从1887年美国在加利福尼亚沿海钻第一口探井算起，海上油气勘探已有100多年的历史，但直到20世纪60年代以前还只有少数国家在海上找油，此项工作仍处于探索阶段。20世纪70年代在海上找油的国家猛增到80多个，进入了高峰期；到20世纪80年代在海上进行油气勘查的国家约100多个，陆续发现了一批海上油气田。海上油气生产可以从1947年路易斯安那州成功地打出海上第一口商业性生产井算起，至今已有60多年的历史。1950年海上石油产量为0.3亿吨，占当时世界石油总产量的5.5%；1970年近海石油占全球总产量的20%；1986年接近$\frac{1}{4}$；1988年世界近海石油产量达7.23亿吨。20世纪80年代世界近海石油产量增加27%，约占世界石油总产量的27%~28%。产量增加最多的是安哥拉、巴西、墨西哥等产油国。随着越南、刚果、墨西哥湾不断发现新的海上油田，今后海上石油产量还将大幅度增加。

海水淡化装置

近海天然气产量增长也非常迅速。1988年世界近海天然气产量为3188亿立方米，20世纪80年代世界近海天然气产量增长了19%。1992年海上天然气产量达到4024亿立方米，约占世界天然气总产量的20%。海上天然气产量最多的国家是美国、英国、挪威、马来西亚、荷兰和澳大利亚。

海水淡化逐渐发展成为一种比较成熟的技术，从而为许多缺少淡水资源的海湾国家带来了希望。目前可以利用的海水淡化技术主要有蒸馏法、电渗析、反渗透、离子交换等。利用海洋热能转换技术可以较好地解决海水淡化时耗能过高的难题。

从海水中直接提取一些有用的化学元素极为方便而且可行，国外所用的溴素基本上都是从海水中提取的，美国、挪威等10多个国家每年从海水中提取氯化镁200多万吨。

1969—1980年的12年，基本上由传统的和新兴的两项海洋产业构成的世界海洋经济的总产值增长了20倍。2000年世界海洋总产值达到30000亿美元，在世界经济总产值中的比重也由5%上升为16%。

海洋产业，海洋能源开发和深海海底矿物开采在21世纪初已经进入商业性生产阶段了。

法国已运行了世界上最大的潮汐能装置，其装机容量为240兆瓦。1986年挪威投入运行了世界上第一个波力电站。此外，中国和加拿大还分别拥有10兆瓦的潮汐能装置。

被称之为海底多金属结核的新的矿物资源获取的可能性越来越引起世人瞩目。为了取得捷足先登者的利益和地位，美国、俄罗斯、英国、法国、日本、德国、比利时、意大利、瑞典、荷兰、挪威、印度、加拿大、澳大利亚、韩国和中国等纷纷卷入海底多金属结核的勘探活动。各国不惜耗费巨资和人力进行调查、勘探和采冶的可行性研究。美国是最早从事多金属结核勘探的国家。为此，它已投入了2亿多美元。日本、德国、法国和韩国也已分别投入了大量资金。目前，俄罗斯、法国、日本和印度、中国等五国是第一批申请登记的先驱投资者。以美国资本为主的4个国际财团也分别在太平洋区域非正式地占据了4块矿址。迄今，一些发达国家的深海底资源勘查和采矿技术提高很快，改革开放后的中国及一些发展中国家，也在这方面有了长足的进步。德、日科学家预言，10～15年以后，人类将开采海底矿产以满足需求。

越来越多的发展中国家开始意识到深海底多金属资源的重要性，纷纷要求国际上能够形成一个有利于所有国家的海底资源开发、管理制度。他们认为这些深海底的矿物资源是人类共有的财产，涉及每个国家——无论是发达国家还是发展中国家的切身利益，因此，每个国家都有权分享这些人类共有的财富。广大发展中国家不希望看到少数发达国家控制世界资源的那一幕在当今社会重演。由此又导致了以77国集团为代表的发展中国家和以美国为首的西方国家集团之间关于深海底资源开发制度的争论。1982年4月，国际海洋法会议通过了《海洋法公约》，确定了国际海底及其资源是人类共同财产的神圣原则。该公约规定实行平行开发制，即一方面由行将建立的联合国国际海底管理局企业部开发，另一方面由有关国家及其自然人和法人与管理局以协作方式开发。同时，为了照顾对多金属结核资源进行了大量投资的国家的要求，承认他们先驱投资者的地位，赋予他们在一定区域内的勘探权、公约生效后他们的勘探计划被核准的优先权以及在商业性生产开始时获得生产现额的优先权。为了处理深海采矿的有关问题，成立了国际海底筹委会，制定了一些深海采矿的具体规章程序，并审批了印度、法国、日本、苏联、中国登记为先驱投资者的申请。这五国已正式被批准为先驱投资者，各获得了一块矿地。韩国、巴西、菲律宾、泰国等国也都在积极考虑多金属结核的开发问题，并正在酝酿申请矿区。尽管如此，国际海底资源争夺的严峻局面仍十分严峻。

知识小链接

我国河流的特点

我国河流有以下特点：①除西南部有几条向南流去外，多数由西向东流入太平洋。②流域面积广袤，但分布不均。绝大部分分布在东南的外流流域，总面积6.12亿公顷，占国土的63.8%；少数分布在内流流域，总面积3.48亿公顷，占国土的36.2%，其径流量则只有全国径流总量的4.5%。③江河上游多奔流于高山峡谷中，落差大，水流急，蕴藏着丰富的水力资源；中下游多穿插在广阔平原，河宽水缓，利于灌溉、渔业和通航。④华北型河流尤其是黄河含沙量大，水土流失严重。

属于全人类共有财产的，还有极地资源——南极和北极。

南极洲是人类尚未分享的最后一块荒野资源。南极洲沿岸水体供养着35种企鹅和其他鸟类，6种海豹、12种鲸鱼和近200个类型的鱼类。近年来还发现南极洲近海赋存有石油，极地内部可能蕴藏有铁等矿物资源。

纯净的南极洲

为了保护人类所共有的这最后一块净地，一些国家缔结了

《南极洲条约》。12 个国家于 1959 年缔结了条约，将南极洲 60° 以南、约占地球表面 10% 的 3600 万平方千米的区域辟为国际和平区。以后又有 22 个国家陆续成为该条约的缔约国。南极洲条约及其后来追加的三个协定，即保护南极洲海豹公约（1972 年）、保护南极洲海洋活资源公约（1980 年）和南极洲矿物资源活动管制公约（1988 年，该公约由于澳大利亚和法国拒绝签署，目前尚不能实行），使南极区域的海豹、鲸鱼和其他鱼类得到了有效保护，从而使得人类能够在 21 世纪甚至更遥远的将来还能与一个原始、洁净的极地共存于一个地球。

广角镜

河流的分段称呼

一条大的河流，从源头的涓涓细流到汇入百川、流入汪洋大海，一般可以分为河源、上游、中游、下游和河口五个部分。

河源是河流的发源地，往往是高山或高原。亚洲的许多大江大河，如长江、黄河、恒河、湄公河等都发源于青藏高原。河流的上游大多穿行在山区，河道狭窄，水流湍急，而且有许多险滩或瀑布。河流冲出山地、流向平原的过渡河段，就是中游。中游河面变得宽阔，水流速度减缓，河道弯曲并开始出现滩地。下游河流流经宽广的平原地区，河面开阔，曲流和汊河很多，还时常在河中出现浅滩和沙洲。河口是河流的入海处，那里河道散乱，许多泥沙都沉积在河口地区，并逐渐形成新的陆地。

人们在谈论海洋资源时不应该忘记它还有一个特殊的重要的贡献，这就是海洋对于全球气候变化起着缓冲器的作用。海洋可以吸收巨大的热量，海洋的热量输送——北半球从低纬度到高纬度输送热量的 40% 是由海洋完成的——在世界气候的形成中起着决定性的作用。由于海洋的存在，降低了全球增温的速度，甚至根本上降低了这种可能性。

气候资源

人们对气候的通常理解可能仅限于它是生物得以生存繁衍的基本条件，

然而，气候还对人类的生活和生产活动有着极为广泛而深刻的影响，是一项十分重要、不可缺少的自然资源。气候作为资源主要表现在光、热、水和气候能源等几个方面。

自然界的光合作用极其普遍，植物的干物质产量就有 90% ~ 95% 来源于光合作用，说明光资源是植物生长的重要物质条件。太阳辐射的总功率为 3.83×10^{28} 焦/秒。地球所截获的阳光能流为每年相当于 178 万亿吨标准煤发热量。其中 19% 被大气吸收，30% 被反射回太空，51% 进入地球。

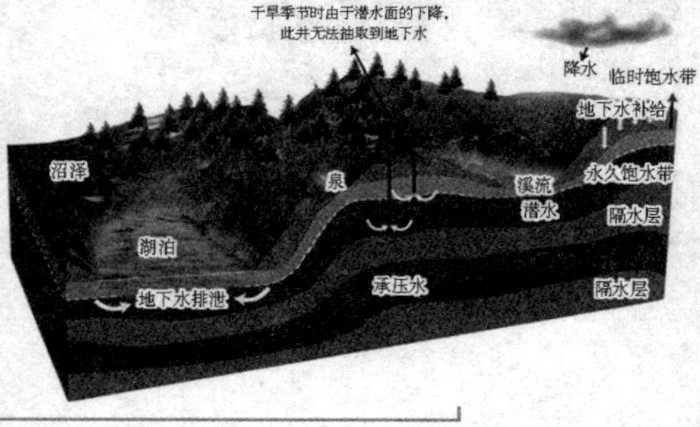

大气降水是淡水的主要来源

进入地球的太阳辐射约 70% 被吸收，大约为 83 万亿吨标准煤的发热量。其中约有 100 亿吨标准煤的热量通过光合作用变成生物质能，贮存在生物中的能量约有 1% 被人类和动物作为食物消耗，成为维持一切生命的能量源泉。

光电能已成为世界上大部分地区取之不尽的廉价电能。安装和维护技术比较简单的光电能源系统更适合于广大的农村地区。目前发展中国家利用光电系统产生的电能至少占全球光电发电容量的 50%。这些供电系统通常用于抽水、供水和灌溉，提供照明，为乡村提供电力以及为边远地区的信号发送装置和远距离通信提供电力。考虑到全球还有 200 万以上个农村缺乏电源，因而利用光电能的潜力是巨大的。

基本小知识

气 候

我国国土辽阔，从南到北兼有热带、亚热带、暖温带、温带、寒温带几个不同的温度带。影响中国气候的最主要因素是地理纬度和太阳辐射、海陆位置和洋流、地形及大气环流。我国气温和降水的季节性变化明显，大部分地区受季风影响，四季分明。寒潮、台风、梅雨是我国重要的天气现象。它们的形成、变化构成了中国气候变化的主要征象。

风能利用

除发展中国家以外，光电系统还为全球约15000户家庭以及世界许多工业部门和组织机构提供电力。在美国和德国，已经有几个中等规模的样板光电电厂在提供商品电力。这预示着光电系统提供的电力将通过公共电网为越来越多的地区和人口提供洁净的能源。

当然，光除了可以作为资源的一面以外，还会造成另外一种危害——光污染，可见光、红外线和紫外线污染是常见的三种形式。光污染对于地球上的人类和其他生物是致命的威胁，高空大气中的臭氧层减薄或出现空洞将使地球失去抵挡光污染的安全屏障。

热量对于农作物的存活与生长至关重要，日平均气温的高低对农业生产有着决定性的影响。

大气降水是淡水资源的最重要的来源。全球每年落在大陆上的降水达11万立方千米，其中的65%通过地面蒸—散最终回到大气层，其余部分补给地下水、河流和湖泊。人类可利用的淡水资源就依靠这其余部分。我们已经知道全球很多地区缺乏淡水资源，换句话说，大气降水较少，或者蒸散量太大。如果大气降水每年增加10%，可能会大大

拓展阅读

我国气候的类型

热带季风气候。包括台湾省的南部、雷州半岛和海南岛等地。

亚热带季风气候。我国华南大部分地区和华东地区属于此种类型的气候。

温带季风气候。我国内蒙古和新疆北部等地属于此种类型的气候。

高原山地气候。我国青藏高原属于此种类型的气候。

温带大陆性气候。我国温带大陆性气候包括温带沙漠气候、温带草原气候及亚寒带针叶林气候。我国大部分北纬30°以北的内陆地区都是温带大陆性气候。

缓解某些地区的缺水状况，而这只需要将全球大气表面温度平均增加0.5℃。温度升高将导致增加海洋蒸发，这大概是全球性气温升高所带来的积极影响。然而全球增温的负面影响要比这大得多，世界各国正在为可能出现的全球增温采取对策。因此，指望全球增温来增加大气降水是不可取的，也是不现实的。

不同于常规能源的气候能源——太阳能和风能，是“取之不尽，用之不竭”的永久性能源。这种能源还以其洁净、不污染环境而受到人们的青睐。21 世纪的能源非它莫属。

太阳每年辐射到地球表面的能量相当于人类年需要能量总和的 5000 倍。太阳热收集器在全世界从热水到发电得到了广泛应用。以能源消费世界头号大国的美国来说，它每年可获得的入射太阳能是实际能源消费量的 10 倍多。随着太阳能技术的不断改进，预计今后 10 年内它的成本将迅速降低，比经济上可以承受的水平甚至还低，这将促使美国改变现有的能源结构。为此，美国科学家预测，太阳能在 2030 年可提供相当于 50% 左右的美国目前的能源消费量。简单地说，除去能量转换成本，太阳能——阳光，是一种不花钱的能源，因此对于广大的发展中国家来说，这是一种最廉价的电源。进一步地说，太阳能取之不尽，用之不竭，除了地球上一些极端地区，阳光普照是没有问题的，这就避免了矿物燃料分布不均和分配不均的矛盾，大多数国家可以因此而免遭世界石油市场破坏性油价波动的影响。

风能实际上是太阳能的另一种形式。地球上近地层风能总储量约 1.3×10^{12} 千瓦，估计全球风力资源潜力可达 6.5×10^{13} 千瓦小时/年。风力发电是从地球大气太阳温差获得能量的。

风能资源分布极广，使得风力发电具有巨大的潜力。北欧、北非、南美洲南部、美国西部平原和热带信风带附近，均已发现了风力发电最有发展前途的地区。这些风能如果得到很好利用的话，完全可以为许多国家提供 20% 甚或更多的电力。发达国家在 2000 年风力发电量增加到总发电量的 5% ~ 10%。实际上，一些国家已经加快了利用风能的步伐。我国在 1996 年以前建成总发电能力为 100 兆瓦的风力田，现在风力田的建设规模正逐年扩大。

生物资源

◎ 生物群落

说到生物资源就要谈到生物群落。

生物群落是生态学研究对象中的一个高级层次，具有个体和种群所不能包括的特征和规律，是一个生态系统中具有生命的部分。正是生物群落在地貌类型繁多的地球表面上有规律的分布，才使地球充满生机。也正是生物群落构成了生物资源。

生物群落是指在特定的时间、空间或生境（具体的生物个体或群体生活区域的生态环境与生物影响下的次生环境）下，具有一定的生物种类组成、外貌结构（包括形态结构和营养结构），各种生物之间、生物与环境之间彼此影响、相互作用，并具特定功能的生物集合体。也可以说，一个生态系统中具有生命的部分，即生物群落。它包括植物、动物、微生物等各个物种的种群。

杜鹃花科

生态学家很早就注意到，组成群落的物种并不是杂乱无章的，而是具有一定的规律的。早在 1807 年，德国地理学家 A. Humboldt 首先注意到自然界植物的分布是遵循一定的规律而集合成群落的。1890 年丹麦植物学家E. Warming在其经典著作《植物生态学》中指出，形成群落的种对环境有大致相同的要求，或一个种依赖于另一个种而生存，有时甚至后者供给前者最适之所需，似乎在这些种之间有一种共生现象占优势。另外，动物学家也注意到不同动物种群的群聚现象。1877 年，德国生物学家 K. Mobius 在研究牡蛎种群时，注意到牡蛎只出现在一定的盐度、温度、光照等条件下，而且总与一定组成的其他动物（鱼类、甲壳类、棘皮动物）生长在一起，形成比较稳定的有机整体。Mobius 称这一有机整体为生物群落。

生物群落中的物种之间、生物与它们所处的环境之间存在着相互作用和影响。生物群落是一个经过生境选择的功能单位，作为一种能够自我调节和自我更新的作用机构，它们处在为了空间、养分、水分和能量而竞争的动态平衡之中，每种成分都作用于所有其他成分，并以生境、产量以及一切生命现象在外观与色彩和时间进程方面的协调一致为特征。

从上述定义中可知，一个生物群落具有下列基本特征：

（1）具有一定的物种组成。每个群落都是由一定的植物、动物或微生物种群组成的。因此，物种组成是区别不同群落的首要特征。一个群落中物种的多少及每一物种的个体数量，是度量群落多样性的基础。

（2）不同物种之间的相互作用。生物群落是不同生物物种的集合体，但不是说一些种的任意组合便是一个群落。一个群落的形成和发展必须经过生物对环境的适应和生物种群之间的相互适应。哪些物种能组合在一起构成群落，取决于两个条件：①必须共同适应它们所处的无机环境。②它们内部的相互关系必须协调、平衡。因此，研究群落中不同物种之间的关系是阐明群落形成机制的重要内容。

（3）具有形成群落环境的功能。生物群落对其居住环境产生重大影响，并形成群落环境。如森林中的环境与周围裸地就有很大的不同，包括光照、温度、湿度与土壤等都经过了生物群落的改造。即使生物散布非常稀疏的荒漠群落，对土壤等环境条件也有明显的改造作用。

（4）具有一定的外貌和结构。生物群落是生态系统的一个结构单位。它本身除具有一定的物种组成外，还具有外貌和一系列的结构特点，包括形态结构、生态结构与营养结构。如生活型组成、种的分布格局、成层性、季相、捕食者和被捕食者的关系等，但其结构常常是松散的，不像一个有机体结构那样清晰，故有人称之为松散结构。

基本小知识

生　物

生物是有生命的个体。生物最重要和基本的特征在于生物进行新陈代谢及遗传。所有生物一定会具备合成代谢以及分解代谢，这是互相相反的两个过程，并且可以繁殖下去，这是生命现象的基础。自然界是由生物和非生物的物质和能量组成的。有生命特征的有机体叫作生物，无生命的包括物质和能量叫作非生物。

地球上的植物大约有30多万种，动物约有150多万种。现存的动物只有原来地球上的动物的十分之一。多种多样的生物不仅维持了自然界的持续发展，而且是人类赖以生存和发展的基本条件。

（5）具有一定的动态特征。群落的组成部分是具有生命特征的种群。群落不是静止地存在，物种不断地消失和被取代。群落的面貌也不断地发生着变化。由于环境因素的影响，使群落时刻发生着动态的变化。其运动形式包括季节动态、年际动态、演替与演化。

（6）具有一定的分布范围。由于组成群落的物种不同，其所适应的环境因子也不同，所以特定的群落分布在特定地段或特定生境上，不同群落的生境和分布范围不同。从各种角度看，如全球尺度或者区域的尺度，不同生物群落都是按照一定的规律分布。

（7）具有特定的群落边界特征。在自然条件下，有些群落具有明显的边界，可以清楚地加以区分；有的则不具有明显边界，而呈连续变化中。前者见于环境梯度变化较陡，或者环境梯度突然变化的情况，而后者见于环境梯度连续变化的情形。

◎ 物种组成

群落的物种组成是决定群落性质最重要的因素，也是鉴别不同群落类型的基本特征。群落学研究一般都从分析物种组成开始，以了解群落是由哪些物种构成的，它们在群落中的地位与作用如何。不同的群落有着不同的物种组成，以我国亚热带常绿阔叶林为例，群落乔木层的优势种类总是由壳斗科、樟科和山茶科植物构成，在下层则由杜鹃花科、山茶科、冬青科等植物构成。又比如，分布在高山的植物群落，主要由虎耳草科、石竹科、龙胆科、十字花科、景天科的某些属中的种类构成；村庄、农舍周围的群落多半由藜科、苋科、菊科、荨麻科等组成。

构成群落的各个物种对群落的贡献是有差别的，通常根据各个物种在群落中的作用来划分群落成员型。

（1）优势种与建群种。对群落的结构和群落环境的形成起主要作用的种称为优势种。它们通常是那些个体数量多、盖度大、生物量高、生命力强的种，即优势度较大的种。群落不同的层次可以有各自的优势种，其中，优势层的优势种称为建群种。比如森林群落中，乔木层、灌木层、草本层常有各层的优势种，而乔木层的优势种即为建群种。建群种对群落环境的形成起主要的作用。在热带、亚热带森林群落中，各层的优势种往往有多个。

（2）亚优势种。指个体数量与作用都次于优势种，但在决定群落性质和控制群落环境方面仍起着一定作用的植物种。在复层群落中，它通常居于较低的亚层，如南亚热带雨林中的红鳞蒲桃和大针茅草原中的小半灌木冷蒿，在有些情况下成为亚优势种。

（3）伴生种。伴生种为群落的常见物种，与优势种相伴存在，但不起主要作用，如马尾松林中的乌饭树、米饭花等。

（4）偶见种或罕见种。偶见种是那些在群落中出现频率

拓展阅读

生物的共性

对“生命”下一个科学的定义十分困难，至今还没有一个为大多数科学家所接受的关于生命的定义。但是从错综复杂的生命现象中，我们仍然可以找到生物的一些共性，即生命的基本特征：①除病毒外，均由细胞和细胞产物构成；②生命表现出严谨的结构性和高度的有序性；③具有新陈代谢作用；④具有应激性和适应性；⑤具有生长、发育、生殖的特性；⑥具有遗传和变异的特征。生物是指能独立、自主生存的生命体，包括动物、植物、微生物等。

很低的物种，多半数量稀少，如常绿阔叶林中区域分布的钟萼木或南亚热带雨林中分布的观光木。这些物种随着生境的缩小濒临灭绝，应加强保护。偶见种也可能偶然地由人们带入或随着某种条件的改变而侵入群落中，也可能是衰退的残遗种，如某些阔叶林中的马尾松。有些偶见种的出现具有生态指示意义，有的还可以作为地方性特征种来看待。

生物群落的分类

生物群落分类是生态学研究领域中争论最多的问题之一。由于不同国家或不同地区的研究对象、研究方法和对群落实体的看法不同，其分类原则和分类系统有很大差别，甚至成为不同学派的重要特色。

无论哪一种分类，其实质都是对所研究的群落按其属性、数据所反映的相似关系而进行分组，使同组的群落尽量相似，不同组的群落尽量相异。通过分类研究，加深认识群落自身固有的特征及其形成条件之间的相关关系。

群落分类可以是人为的或自然的，生态学研究中一般采用自然分类。在已问世的各家自然分类系统中，有的以植物区系组成为其分类的基础，有的以生态外貌为基础，还有的以动态特征为基础。因为有时它们是交织在一起的，所以不易把它们截然分开。但不管哪种分类，都承认要以植物群落本身的特征作为分类依据，并十分注意群落的生态关系，因为按研究对象本身特征的分类要比任何其他分类更自然。

◎ 我国的植物群落分类

我国生态学家在《中国植被》一书中，参照了国外一些植物生态学派的分类原则和方法，采用了不重叠的等级分类方法，贯穿了“群落生态”原则，即以群落本身的综合特征作为分类依据，群落的种类组成、外貌和结构、地理分布、动态演替、生态环境等特征在不同的分类等级中均作了相应的反映。所采用的主要分类单位分三级：植被型（高级单位）、群系（中级单位）和群丛（基本单位）。每一等级之上和之下又各设一个辅助单位和补充单位。高级单位的分类依据侧重于外貌、结构和生态地理特征，中级和中级以下的单位则侧重于种类组成。其系统如下：

植被型组

植被型

植被亚型

群系组

群系

亚群系

群丛组

群丛

亚群丛

植被型 凡建群种生活型（一级或二级）相同或相似，同时对水热条件的生态关系一致的植物群落联合为植被型，如寒温性针叶林、夏绿阔叶林、温带草原、热带荒漠等。建群种生活型相近而且群落外貌相似的植被型联合为植被型组，如针叶林、阔叶林、草地、荒漠等。

在植被型内根据优势层片或指示层片的差异可划分植被亚型。这种层片结构的差异一般是由于气候亚带的差异或一定的地貌、基质条件的差异而引起。例如，温带草原可分为三个亚型：草甸草原（半湿润）、典型草原（半干旱）和荒漠草原（干旱）。

群系 凡是建群种或共建种相同的植物群落联合为群系。例如，凡是以大针茅为建群种的任何群落都可归为大针茅群系。以此类推，如兴安落叶松群系、羊草群系、红沙群系等。如果群落具共建种，则称共建种群系，如落叶松、白桦混交林。将建群种亲缘关系近似（同属或相近属）、生活型（三级和四级）近似或生境相近的群系可联合为群系组，如落叶栎林、丛生禾草草原、根茎禾草草原等。

在生态幅度比较宽的群系内，根据次优势层片及其反映的生境条件的差异而划分亚群系。如羊草草原群系可划出：羊草 + 中生杂类草草原（也叫羊草草甸草原），生长于森林草原带的显域生境或典型草原带的沟谷黑钙土和暗栗钙土；羊草 + 旱生丛生禾草草原（也叫羊草典型草原），生于典型草原带的显域生境栗钙土；羊草+盐中生杂类草草原（或称羊草盐湿草原），生于轻度盐渍化湿地、碱化栗钙土、碱化草甸土、柱状碱土。对于大多数群系来讲，不需要划分亚群系。

群丛 是植物群落分类的基本单位，有如植物分类中的种。凡是层片结构相同，各层片的优势种或共优种相同的植物群落联合为群丛。如羊草+大针茅这一群丛组内，羊草+大针茅+黄囊苔草原和羊革+大针茅+柴胡草原都是不同的群丛。凡是层片结构相似，而且优势层片与次优势层片的优势种或共优种相同的植物群丛联合为群丛组。如在羊草+丛生禾草亚群系中，羊草+大针茅草原和羊草+丛生小禾草（糙隐子草、落草）就是两个不同的群丛组。在群丛范围内，由于生态条件的某些差异，或因发育年龄上的差异往往不可避免地在区系成分、层片配置、动态变化等方面出现若干细微的变化。亚群丛就是用来反映这种群丛内部的分化和差异的，是群丛内部的生态－动态变型。

根据上述系统，我国植被分为 11 个植被型组、29 个植被型、550 多个群系，至少几千个群丛。

◎法瑞学派的群落分类

法国蒙伯利埃大学 J. Braun－Blanquet 于 1928 年提出了一个植物区系一结构分类系统，被称为群落分类中的归并法，是影响比较大而且在西欧和一些其他国家被广泛承认和采用的一个系统。该系统的特点是以植物区系为基础，从基本分类单位到最高级单位，都是以群落的种类组成为依据。

该系统中的群丛门是指在大的植物区系地理范围内，具有共同分类特征的有关群丛纲的联合。它的分类特征可以是种或属，或者两者。它大体上与英美学派的群系和我国的植被型相当。

群丛纲、群丛目、群丛属的确切定义，文献中意见并不一致，但相同的群丛纲、群丛目和群丛属应具有类似的特征种和区别种。群丛是具有一个或较多特征种的基本分类单位。

较低级的分类单位，没有自己的特征种，通常主要用区别种（区别种是指在不同样方组内互相排斥的种）进行划分。研究群丛内的变异有三条途径：土壤—生态的、历史—地理的和群落动态的。因此，划分群丛中的亚群丛可以根据局部土壤的或微气候的差别；变型则以历史地理的或微气候的差异为依据；群丛相是用一个或几个种的优势度或盖度级来表示。假如某个种具有较高的优势度，而该种的高优势度是这个群丛的正常特性，这种情况下，就不把这一群落片段视为群丛相。因此，群丛相是一个偏离现象，它可能是由特殊的、有时是极端的非生物因素或人为干扰而引起的。

该学派的分类过程是通过排列群丛表来实现的。首先在野外做大量的样方，样方数据一般只取多度-盖度级和群集度。然后通过排群丛表，找出特征种、区别种，从而达到分类的目的。

◎美国的群落分类

英美学派早期的群落分类

英美学派是根据群落动态发生演替原则来进行群落分类的。代表人物是 Clements 和 Tansley。有人将该系统称为动态分类系统。他们对顶极群落和未达到顶极的演替系列群落，在分类时处理的方法是不同的，因此他们建立了两个平行的分类系统（顶极群落和演替系列群落），因而称该系统为双轨制分类系统。

该系统中，群系是高级的基本分类单位。他们认为：群系是气候的产物，并受气候的控制。它是占据着一定生境或者一定土壤类型的顶极群落，或者是与一定气候相联系的演替顶极群落。如果地球上不同大陆上的群系，优势种具有相似的生活型，则这些群系就组成一个泛顶极。

该系统的群系与我国的植被型大致相当，外貌相似和具有相似环境条件的群系联合成群系型，与我国的植被型组相当。群丛是中级分类单位，是指大气候范围内的亚气候所决定的顶极群落，大致相当于我国所用的群系或植被亚型。

群丛之下分为两种：单优种群丛和群丛相（或称亚群丛）。单优种群丛是指只有一个优势种的群落，该群丛生境比较均一，变化幅度小。群丛相是指具有一个以上优势种的植物群落，用共优种的属名来联合命名，如 Stipa—Aneurolepidium 群丛相。它们大体上相当于我国的群丛、亚群丛。

组合是在单优种群丛或亚群丛内，一个或若干个次优势种所构成的群落的局部集合体。组合及其以下的分类单位已不是群落了，而是群落内部的结构单位。

演替系列群落的分类方法与上述顶极群落分类系统基本相同，它们是未达到成熟和稳定的演替系列群落，因此没有群系以上的高级分类单位。

美国 FGDC 植被分类系统

美国国家地理数据委员会为了在全国水平上获得一致的植被资源数据，便于准确地比较、集成，并将在野外水平上支持定量的植被建模、制图与分析，于 1996 年制定了一个植被分类系统和植被信息标准，并建立了通用的植被数据库。该分类系统所遵循的原则是：大面积适用；与地球覆盖/土地覆盖其他的分类系统一致；避免概念冲突；分类的应用前后一致并可重复；采用普通术语，避免难懂的行话；分类单位边界明确，互相排斥，加在一起占据地面的 100%；分类系统是动态的，能容纳附加信息；反映现实植被生长季节的状态；为等级系统，高级单位反映少量的一般类型，较低级单位反映大量的详细类型；高级分类单位以外貌（生活型、盖度、结构、叶型）为划分基础，生活型指乔木、灌木、草本等；低级分类单位以实际种类组成为基础进行划分，数据必须用标准取样法在野外获取。

◎ 群落的数量分类

分类是对实体集合按其属性数据所反映的相似关系进行分组，使同组内的成员尽量相似，而不同组的成员则尽量相异。群落数量分类可能揭示出以下生态学现象：

（1）用植物种的数据（属性）去划分样方（实体），可以较客观地揭示出植被本身可能存在的自然间断。

（2）用土壤、气候等环境因素的数据去划分样方，可能揭示出植被间断的环境原因。

（3）以植物种的分类与用土壤、气候等环境因素分类的结果进行比较，可以反映出植被变化与环境变化的关系。

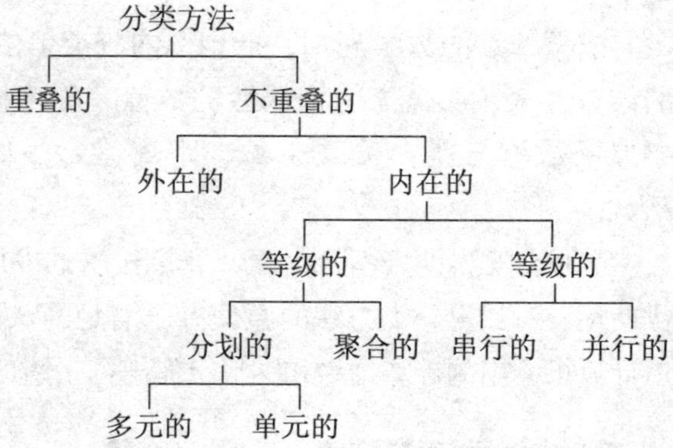

（4）用样方数据去划分植物种的集合，结果会分成若干种组，本身可能反映出种间相互作用的规律。

（5）用样方数据去分割环境因素的集合，结果会分成若干环境梯度，反映出不同环境因素之间的组合关系。

（6）以样方数据分割出的种组与环境梯度进行比较，可能找到种组与环境因素的关系，这样的种组被称为生态种组。

群落数量分类一般采用不重叠的等级分类。

多元分析方法是施于原始数据集合的一套处理规则，方法本身不依赖于对实体和属性具体内容的解释，因此可用于多种学科。作为群落生态学中的多元分析，却要赋予它真实的生态学含义，即在数学手段的基础上，再从生态学专业知识的角度给以恰当的解释，达到揭示生态关系、反映生态规律的目的。

知识小链接

生物的分类

生物的基本分类层次：界、门、纲、目、科、属、种。生物的详细分类层次：域、界、门、亚门、总纲、纲、亚纲、总目、目、亚目、总科、科、亚科、总属、属、亚属、总种、种、亚种。

种是最小的生物单位。生物的相同科、目越多，共同点也越多。域是生物分类法中最高的类别。作为比界高的分类系统，称作“域”或者“总界”。

多元分析的基本单位叫作实体，描述实体数量特征的各种数据项目称为属性。在群落生态学研究中，实体可以是样方、标地、林分或群落等等。

依据一定的数学规则，把相似的分类单位并在一起，得到分类或排序的结果。表示实体之间相似性的数值，称为相似系数。从大的类型上看，相似系数有五类：关联系数、距离系数、内积系数、信息系数、概率系数。

数量分类方法繁多，由于计算机技术的发展，已有不少多元分析软件可供使用，对数量分类方法的原理有了清楚的认识之后，结合专业知识，就可对计算机给出的计算结果和图形，作出合乎情理的生态学解译。

◎生物群落的排序

所谓排序，就是把一个地区内所调查的群落样地，按照相似度来排定各样地的位序，从而分析各样地之间以及与生境之间的相互关系。

排序方法可分为两类。一是群落排序，用植物群落本身属性（如种的出现与否，种的频度、盖度等），排定群落样地的位序，称为间接排序，又称间接梯度分析或者组成分析。另一类排序是利用环境因素的排序，称为直接排序，又称为直接梯度分析或者梯度分析，即以群落生境或其中某一生态因子的变化，排定样地生境的位序。

排序基本上是一个几何问题，即把实体作为点在以属性为坐标轴的P维空间中（P个属性）按其相似关系把它们排列出来。简单地说要按属性去排序实体，这叫正分析或叫正排序。其

> **广角镜**
>
> **热带雨林气候**
>
> 热带雨林气候位于各洲的赤道两侧，向南、北延伸5°～10°左右，如南美洲的亚马孙平原，非洲的刚果盆地和几内亚湾沿岸，亚洲东南部的一些群岛等。这些地区位于赤道低压带，气流以上升运动为主，水汽凝结致雨的机会多，全年多雨，无干季，年降水量在2 000毫米以上，最少雨月降水量也超过60毫米，且多雷阵雨；各月平均气温为25℃～28℃，全年长夏，无季节变化，年较差一般小于3℃，而平均日较差可达6℃～12℃。在这种终年高温多雨的气候条件下，植物可以常年生长，树种繁多，植被茂密成层。

结果能客观地反映样方间的相互关系。如果反过来按实体去排序属性，则称作逆分析或逆排序。

为了简化数据，排序时首先要降低空间的维数，即减少坐标轴的数目。如果可以用一个轴（一维）的坐标来描述实体，则实体点就排在一条直线上；用两个轴（二维）的坐标描述实体，点就排在平面上，都是很直观的。如果用三个轴（三维）的坐标，也可勉强表现在平面的图形上，一旦超过三维就无法表示成直观的图形。因此，排序总是力图用二、三维的图形去表示实体，以便于直观地了解实体点的排列。

在一般情况下，减少维数往往损失一些信息，排序的方法应该使得由降维引起的信息损失尽量少，即发生最小的畸变。

这种降维的简化，使原来要用 P 个原始数据描述的实体，在尽量保留原数据特征的条件下利用最少数据（排序坐标）来描述，无疑有利于揭示原始数据反映的规律。

通过排序可以显示出实体在属性空间中位置的相对关系和变化的趋势。如果它们构成分离的若干点集，也可达到分类的目的；结合其他生态学知识，还可以用来研究演替过程，找出演替的客观数量指标。如果我们既用物种组成的数据，又用环境因素的数据去排序同一实体集合，以两者的变化趋势容易揭示出植物种与环境因素的关系，从而提出生态解释的假设。特别是，可以同时用这两类不同性质的属性（种类组成及环境）一起去排序实体，更能找出两者的关系。

生态系统的类型

SHENGTAI ZIYUAN DASAOMIAO

生态系统的范围有大有小，多种多样，大至整个生物圈，小至一个池塘或一堆朽木及其生物组成的局部空间，生态系统类型的划分，实际上是概念的外延，其依据是多方面的，一般依据非生物因素把生物圈划分为陆地生态系统和水域生态系统。陆地生态系统包括森林、草原、农田生态系统；水域生态系统包括海洋生态系统和淡水生态系统。城市生态系统是城市居民与其环境相互作用而形成的统一整体，也是人类对自然环境的适应、加工、改造而建设起来的特殊的人工生态系统。城市生态系统不仅有生物组成要素和非生物组成要素，还包括人类和社会要素，这些要素通过能量流动、生物地球化学循环以及物质供应与废物处理系统，形成一个具有内在联系的统一整体。

地球上的生态系统，依据能量和物质的运动状况，生物、非生物成分，可分为多种类型。

按照生态系统非生物成分和特征划分为：陆地生态系统和水域生态系统。陆地生态系统又分为：荒漠生态系统、草原生态系统、稀树干草原生态系统、农业生态系统、城市生态系统和森林生态系统。水域生态系统又分为：淡水生态系统（流动水生态系统、静水生态系统）、海洋生态系统。

按照生态系统的生物成分划分为：植物生态系统、动物生态系统、微生物生态系统、人类生态系统。

按照生态系统结构和外界物质与能量交换状况划分为：开放生态系统、封闭生态系统、隔离生态系统。由于划分方法的不同，生态系统的类型较多，这里介绍几种主要的自然生态系统类型。

森林生态系统

森林是以乔木为主体，具有一定面积和密度的植物群落，是陆地生态系统的主干。森林群落与其环境在功能流的作用下形成一定结构、功能和自行调控的自然综合体，就是森林生态系统。它是陆地生态系统中面积最大、最重要的自然生态系统。在生产有机物质和维持生物圈物质和能量的动态平衡中具有重要的地位。地球上森林占全球面积和陆地面积的 11% 和 38%，而森林生产的有机物质占全球和陆地净初级生产量的 47% 和 71%。地球上适于森林生长发育的环境条件变化范围大，但不同的温度和降雨量条件下的地区会产生不同的森林植物群落，从南往北沿温度和水分变化梯度，森林类型也呈现一个梯度变化，比如，按大陆上的气候特点和森林的外貌，可划分为热带雨林、亚热带常绿阔叶林、温带落叶阔叶林和北方针叶林等主要类型。

据专家估测，历史上森林生态系统的面积曾达到 76 亿公顷，覆盖着世界陆地面积的三分之二，覆盖率为 60%。在人类大规模砍伐之前，世界森林约为 60 亿公顷，占陆地面积的 45. 8%。至 1985 年，森林面积下降到 41. 47 亿公顷，占陆地面积的 31. 7%。至今，森林生态系统仍为地球上分布最广泛的系统，它在地球自然生态系统中占有首要地位，在净化空气、调节气候和保护环境等方面起着重大作用。森林生态系统结构复杂，类型多样，但森林生态系统仍具有一些主要的共同特征。

◎森林生态系统的主要特征

物种繁多、结构复杂

世界上所有森林生态系统保持着最高的物种多样性，是世界上最丰富的生物资源和基因库，热带雨林生态系统就有200万~400万种生物。我国森林物种调查仍在进行中，新记录的物种不断增加。如西双版纳，面积只占全国面积的2‰，据目前所知，仅陆栖脊椎动物就有500多种，约占全国同类物种的25%；又如我国长白山自然保护区植物种类亦很丰富，约占东北植物区系近3000种植物的二分之一以上。

茂密的大森林

森林生态系统比其他生态系统复杂，具有多层次，有的多至7~8个层次。一般可分为乔木层、灌木层、草本层和地面层等4个基本层次。明显的层次结构，层与层纵横交织，显示系统复杂性。

森林中还生存着大量的野生动物，有象、野猪、羊、牛、啮齿类、昆虫和线虫等植食动物；有田鼠、蝙蝠、鸟类、蛙类、蜘蛛和捕食性昆虫等一级肉食动物；有狼、狐、鼬和蟾蜍等二级肉食动物；有狮、虎、豹、鹰和鹫等猛兽凶禽；此外还有杂食和寄生动物等。因此，以林木为主体的森林生态系统是个多物种、多层次、营养结构极为复杂的系统。

生态系统类型多样

森林生态系统在全球各地区都有分布，森林植被在气候条件和地形地貌的共同作用和影响下，既有明显的纬向水平分布带，又有山地的垂直分布带，是生态系统中类型最多的，如我国云南省，从南到北依次出现热带北缘雨林、季节雨林带、南亚热带季风常绿阔叶林、思茅松林带、中亚热带和北亚热带半湿性常绿阔叶林、云南松林带和寒温性针叶林等。在不同的森林植被带内有各自的山地森林分布的垂直带。亚热带山地的高黎贡山（腾冲境内海拔3374 米）森林有明显的垂直分布规律。

森林生态系统有许许多多类型，形成多种独特的生态环境。高大乔木宽大的树冠能保持温度的均匀，变化缓慢；在密集树冠内，树干洞穴、树根隧洞等都是动物栖息场所和理想的避难所。许多鸟类在林中筑巢，森林生态系统的环境有利于鸟类的育雏和繁衍后代。

森林生态系统具有丰富多样性，多种多样的种子、果实、花粉、枝叶等都是林区哺乳动物和昆虫的食物，地球上种类繁多的野生动物绝大多数都生存在森林之中。古老稀有的大熊猫以箭竹为食物，都居住在森林中。

生态系统的稳定性高

森林生态系统经历了漫长的发展历史，系统内部物种丰富、群落结构复杂，各类生物群落与环境相协调。群落中各个成分之间、各成分与环境之间相互依存和制约，保持着系统的稳态，并且具有很高的自行调控能力，能自行调节和维持系统的稳定结构与功能，保持着系统结构复杂、生物量大的属性。森林生态系统内部的能量、物质和物种的流动途径通畅，系统的生产潜力得到充分发挥，对外界的依赖程度很小，保持输入、存留和输出等各个生态过程。森林植物从环境中吸收其所需的营养物质，一部分保存在机体内进行新陈代谢活动；另一部分形成凋谢的枯枝落叶将其所积累的营养元素归还给环境。通过这种循环，森林生态系统内大部分营养元素保持收支平衡。

生产力高、现存量大、对环境影响大

森林具有巨大的林冠，伸张在林地上空，似一顶屏障，使空气流动变小，气候变化也小。森林生态系统是地球上生产力最高，现存量最大的生态系统。据统计，每公顷森林年生产干物质12.9 吨，而农田是6.5 吨，草原是6.3 吨。森林生态系统不仅单位面积的生物量最高，而且生物量（约 1.680×10^9 吨），占陆地生态系统总量（约 1.852×10^9 吨）的 90% 左右。

森林在全球环境中发挥着重要的作用，是养护生物最重要的基地，可大量吸收二氧化碳，是重要的经济资源，在防风沙、保水土、抗御水旱、风灾方面有重要的生态作用。森林在生态系统服务方面所发挥的作用也是无法替代的。

◎森林生态系统的主要类型

热带雨林

热带雨林分布在赤道及其南北的热带湿润区域。据估算，热带雨林面积近 1.7×10^7 平方千米，约占地球上现存森林面积的一半，是目前地球上面积最大、对人类生存环境影响最大的森林生态系统。热带雨林主要分布在三个区域：①南美洲的亚马孙盆地。②非洲刚果盆地。③印度—马来西亚。我国的热带雨林属于印度—马来西亚雨林系统，主要分布在台湾、海南、云南等省，以云南西双版纳和海南岛最为典型，总面积为 5×10^4 平方千米。

热带雨林

热带雨林生态系统的主要气候特征是高温、多雨、高湿，为赤道周日气候型。年平均气温在 20℃ ~ 28℃，月均温多高于 20℃；降水量 2000 ~ 4500 毫米，多的可达 10000 毫米，降水分布均匀；相对湿度常达到 90% 以上，常年多雾。这里风化过程强烈，母岩崩解层深厚；土壤脱硅富铝化过程强烈，盐基离子流失，铁、铝氧化物（Fe_2O_3、Al_2O_3）相对积聚，呈砖红色，土壤呈强酸性，养分贫瘠；有机物质矿化迅速，森林需要的几乎全部营养成分均贮备在植物的地上部分。

热带雨林的物种组成极为丰富，而且绝大部分是木本植物，群落结构复杂。热带雨林地区是地球上动物种类最丰富的地区，这里的生境对昆虫、两栖类、爬虫类等变温动物特别适宜。

热带雨林生态系统中能流与物质流的速率都很高，但呼吸消耗量也很大。全球热带雨林的净生产量高达 34×10^9 吨/年，是陆地生态系统中生产力最高的类型。

亚热带常绿阔叶林

热带雨林中的生物资源十分丰富，有许多树种是珍稀的木材资源。也有许多是非常珍贵的热带经济植物、药材和水果资源，同时，分布着众多的珍稀动物。

热带雨林是生物多样性最高的区域，其总面积只占全球面积的7%，但却拥有世界一半以上的物种。据估计，热带雨林区域的昆虫种数高达300万种，占全部昆虫种数的90%以上；鸟类占世界鸟类总数的60%以上。目前，热带雨林的关键问题是资源的破坏十分严重，森林面积日益减少。

亚热带常绿阔叶林

亚热带常绿阔叶林指分布在亚热带湿润气候条件下并以壳斗科、樟科、山茶科、木兰科等常绿阔叶树种为主组成的森林生态系统。它是亚热带大陆东岸湿润季风气候下的产物，主要分布于欧亚大陆东岸北纬22°～40°的亚热带地区，此外，非洲东南部、美国东南部、大西洋中的加那利群岛等地也有少量分布。其中，我国的常绿阔叶林是地球上面积最大（人类开发前约 2.5×10^6 平方千米）、发育最好的一片。常绿阔叶林地区夏季炎热多雨，冬季寒冷而少雨，春秋温和，四季分明，年平均气温16℃～1 8℃，年降雨量1000～1500毫米。土壤为红壤、黄壤或黄棕壤。

常绿阔叶林的结构较雨林简单，外貌上林冠比较平整，乔木通常只有1～2层，高20米左右。灌木层较稀疏，草本层以蕨类为主。藤本植物与附生植物虽常见，但不如雨林繁茂。常绿阔叶林中具有丰富的木材资源，生长着大量珍贵、速生、高产的树种，如北美红杉、桉树，我国的樟木、楠木、杉木等都是著名的良材；还有银杉、珙桐、桫椤、小黄花茶、红榧、蚬木、金钱松、银杏等许多珍稀濒危保护植物。

亚热带常绿阔叶林中动物物种丰富，两栖类、蛇类、昆虫、野雉、鸟类等是主要的消费者。我国在亚热带林区受重点保护的珍贵稀有动物较多，如蜂猴、豹、金丝猴、短尾猴、红面猴、白头叶猴、水鹿、华南虎、梅花鹿、大熊猫以及各种珍禽候鸟等。

常绿阔叶林经反复破坏后，退化为由木荷、苦槠、青冈栎等主要树种组成的常绿阔叶林或针叶林。如再严重破坏，则退化为灌木丛；进一步破坏，则退化为草地，甚至导致植被消失。

温带落叶阔叶林

我国常绿阔叶林区是中华民族经济与文化发展的主要基地，平原与低丘全被开垦成以水稻为主的农田，是我国粮食的主要产区，原生的常绿阔叶林仅残存于山地。

温带落叶阔叶林

落叶阔叶林又称夏绿林，分布在西欧、中欧、东亚及北美东部等中纬度湿润地区，在我国长期常见于东北、华北地区。温带落叶林的气候也是季节性的，冬季寒冷，夏季温暖湿润，年平均气温 8℃ ~ 14℃，年降水量500 ~ 1000 毫米。土壤肥沃，发育良好，为褐色土与棕色森林土。

落叶阔叶林垂直结构明显，有 1 ~ 2 个乔木层，灌木和草本各 1 层，优势树种为落叶乔木，常见的有栎类、山核桃、白蜡以及槭树科、桦木科、杨柳科树种。乔木层种类组成单一，高 15 ~ 20 米，灌木密集，有阳光透过的地方草本植物、蕨类、地衣和苔藓植物生长旺盛。

在集约经营的温带森林中，动物多样性水平低，因为往往栽植非天然的针叶树种，尽管这些种类生长快、人类的需求大，但却不能为适应天然落叶林的动物提供食物和栖息地。受干扰少的落叶阔叶林中的消费者有松鼠、鹿、狐狸、狼、獐和鸟类，在我国受重点保护的野生动物有褐马鸡、猕猴、麝、金钱豹、羚羊、白唇鹿、野骆驼等，以及天鹅、鹤等鸟类。

北方针叶林

跨越北欧的温带森林正受到来源于工业污染的酸雨的危害。森林作业，如砍伐使土壤暴露，并造成侵蚀以及水分流失的后果。我国黄河中游地区，由于历史上原生植被遭长期地破坏，成为我国水土流失最严重的地区，使黄河中含沙量居世界河流首位。我国西北、华北和东北西部，由于历史上森林遭到破坏，造成了大片的沙漠和戈壁。

知识小链接

湿地

由于湿地和水域、陆地之间没有明显边界，加上不同学科对湿地的研究重点不同，造成湿地的定义一直存在分歧。湿地，一般被认为是陆地与水域之间的过渡地带，包括沼泽、滩涂、低潮时水深不超过6米的浅海区、河流、湖泊、水库、稻田等。这一定义有利于将湿地及附近的水体、陆地形成一个整体，便于保护和管理。

北方针叶林

北方针叶林分布在北纬45°～70°的欧亚大陆和北美大陆的北部，延伸至

南部高海拔地区。中国的北方针叶林分布于大兴安岭和华北、西北、西南高山的上部。地处的气候条件是，冬季长、寒冷、雨水少，夏季凉爽、雨水较多。年平均气温多在0℃以下，年平均降水量400～500毫米。土壤为灰化土，酸性，腐殖质丰富，因为低温下微生物活动较弱，故积累了深厚的枯枝落叶层。

北方针叶林的树种组成单一，常常是一个针叶树种形成的单纯林，如云杉、冷杉、落叶松、松等属的树种，树高20米左右，也可能伴生少量的阔叶树种，如杨、桦木。常有稀疏的耐阴灌木，以及适应冷湿生境的由草本植物和苔藓植物组成的地被物层。很多针叶树种长成圆锥形是对雪害的一种适应，以避免树冠受雪压。这些树种低的蒸发蒸腾速率和其树叶抗冰冻的形状能使它们度过冬季时不落叶。

拓展阅读

人类的环境

人类的环境既包括以空气、水、土地、植物、动物等为内容的物质因素，也包括以观念、制度、行为准则等为内容的非物质因素；既包括自然因素，也包括社会因素；既包括非生命体形式，也包括生命体形式。人类的环境是以人类为中心为主体的外部世界即人类赖以生存和发展的天然和人工改造过的各种自然因素的综合体。

北方针叶林中生长着众多的草食哺乳动物，如驼鹿、鼠、雪兔、松鼠等，还有名贵的皮毛兽，如貂、虎、熊等。一些肉食种类，如狼和欧洲熊，因狩猎而几乎灭绝，仅有少数孤立的种群。针叶林还是很多候鸟，如一些鸣禽和鸫属重要的巢居地，供养着众多以种子为食的鸟类群落。

北方针叶林组成整齐，便于采伐，作为木材资源对人类是极端重要的。在世界工业木材总产量中（1.4×10^{9} 立方千米），一半以上来自针叶林。

草地生态系统

草地与森林一样，是地球上最重要的陆地生态系统类型之一。草地群落以多年生草本植物占优势，辽阔无林，在原始状态下常有各种善于奔驰或营洞穴生活的草食动物栖居。草原是内陆干旱到半湿润气候条件的产物，以旱生多年生禾草占绝对优势，多年生杂类草及半灌木也或多或少起到显著作用。

热带草原

世界草原总面积约 2.4×10^7 平方千米，为陆地总面积的六分之一，大部分地段作为天然放牧场。因此，草原不但是世界陆地生态系统的主要类型，而且是人类重要的畜牧业基地。

草地可分为草原与草甸两大类。前者由耐旱的多年生草本植物组成，在地球表面占据特定的生物气候地带。后者由喜湿润的中生草本植物组成，出现在河漫滩等湿地和林间空地，或为森林破坏后的次生类型，属隐域植被，可出现在不同生物气候地带。这里主要介绍地带性的草原，它是地球上草地的主要类型。

温带草原

根据草原的组成和地理分布，可分为温带草原与热带草原两类。前者分布在南北两半球的中纬度地带，如欧亚大陆草原、北美大陆草原和南美草原等。这里夏季温和，冬季寒冷，春季或晚夏有一明显的干旱期。由于低温少雨，草群较低，其地上部分高度多不超过 1 米，以耐寒的旱生禾草为主，土壤中以钙化过程与生草化过程占优势。后者分布在热带、亚热带，其特点是在高大禾草（常达 2 ~ 3 米）的背景上常散生一些不高的乔木，故被称为稀树草原或萨王纳（非洲语言音译，意为“热带稀树草原”或“热带草原”）。这里终年温暖，雨量常达 1000 毫米以上，在高温多雨影响下，土壤强烈淋溶，以砖红壤化过程占优势，比较贫瘠。但一年中存在一个到两个干旱期，加上频繁的野火，限制了树木

的发育。

◎热带草原

在湿季降雨量可达 1200 毫米，但在长达4～6个月或更长的干季则无降雨。植被以热带型干旱草本植物占优势。如非洲萨王纳以金合欢属构成上层疏林为特征，树木具有小叶和刺，有些旱季落叶，为放牧、吃草的动物提供遮荫、食物，并养育着许多无脊椎动物种。树木具有很厚的树皮，起到绝热防火的作用。在北美和欧洲草原，火是阻止灌木物种侵入草原的一个重要因子。

非洲萨王纳生长的草食动物有斑马、野牛、长颈鹿、犀牛等。肉食动物数量大，如狮、豹、鬣狗等。

◎温带草原

温带草原为半干旱气候，年降雨量 250～600 毫米，但可利用水分取决于温度、降雨的季节分布和土壤的持水能力。通常，草类物种生活短暂，草原的土壤可获取大量的有机物质，包含的腐殖质可以超过森林土壤的 5～10 倍。这种肥沃的土壤非常适于作物，如玉米、小麦等的生长。北美和俄罗斯的主要粮食生产带就位于草原地区。

植被为阔叶多年生植物，在生长季早期开花，而较大的阔叶多年生草本则在生长季末开花。

原始的温带草原动物群落由迁徙性的成群食草动物、啮齿类和相应的食肉动物组成，如狼、鼬、猛禽等。温带草原鸟类物种不是很多，也许是因为植被结构的单一和缺乏树木的缘故。而且由于生长季短而

广角镜

植物的种类

植物是生命的主要形态之一，包含了如树木、灌木、藤类、青草、蕨类、地衣及绿藻等熟悉的生物。种子植物、苔藓植物、蕨类植物和拟蕨类等植物中，据估计现存大约有35 万个物种。其中的28.7 万个物种已被确认，约有 25.8 万种开花植物、1.5 万种苔藓植物。绿色植物大部分的能源是经由光合作用从太阳光中得到的。

使两栖类和爬行类没有时间从卵发育成成年个体。

生产力较低的草原已经被利用作为牧场饲养牛羊，过度地放牧导致草原植物群落的破坏和土壤侵蚀。这样下去草类将不能再生，因为表层土壤的丧失和持续放牧，草原会出现荒漠化。

荒漠生态系统

荒漠是一类特殊的生态系统，位于极端干旱、降雨稀少、植被稀疏的亚热带和温带地区，主要分布于北非和西南非洲（撒哈拉和纳米布沙漠）以及亚洲的一部分（戈壁沙漠）、澳大利亚、美国西南部、墨西哥北部。我国的荒漠分布于亚洲荒漠东部，包括准噶尔盆地、塔里木盆地、柴达木盆地、河西走廊和内蒙古西北部。

荒漠地区降雨量不足200毫米，有些地区年降雨量甚至少于50毫米，且时间上不确定。通常白天炎热，晚上寒冷，白天温度取决于纬度，依据温度不同，可分为热荒漠和冷荒漠。热荒漠主要分布在亚热带和大陆性气候特别强烈的地区；冷荒漠主要分布在极地或高山严寒地带。温带荒漠干燥的原因是因为其位于雨影区，山体截留了来自海上的水汽。在极端的荒漠地带，无雨期可能持续很多年，仅有的可利用的水分存在于地下深处，或来自夜晚的露水。由于植被稀疏和生产力低，有机物质积累量少，导致土壤瘠薄，养分贫乏，保水能力差。

两种类型的荒漠具有不同的植物群落。热荒漠生长着稀疏的有刺半灌木和草本植物，为旱生和短命的植物种类，干旱时期叶片脱落，进入休眠。它们能很快生长和开花，短时

趣味点击　动物的类别

动物是自然界生物中的一类，主要包括原生动物、海绵动物、腔肠动物、扁形动物、线形动物、环节动物、软体动物、节肢动物、棘皮动物和脊索动物等，约130种。动物自身无法合成有机物，须以动植物或微生物为营养，以进行或维持生命活动的生物。

期覆盖荒漠地表。地下芽植物以球根和鳞茎的形式存活在地下。而多汁植物，如美洲的仙人掌和非洲的大戟属植物，能自我适应度过长的干旱时期。这些植物表皮厚、气孔凹陷、表面积与体积的比值小，因此减少了水分损失。冷荒漠种类贫乏，多呈垫状和莲座状生长，有较密集的灌木植被，如整个夏天都能保持绿色的北美山艾树。分布范围广的浅根系植物与根系长达 30 米的深根系植物结合来利用稀少的降雨和地下水。苔藓、地衣、藻类可在土壤中休眠，但也像荒漠中一年生植物一样，能很快地对寒冷和湿润的时期做出反应。

荒漠生态系统的动物成分主要为蝗虫、啮齿类的小动物和鸟类等。爬行动物和昆虫能利用其防水的外壳和干燥的分泌物在荒漠条件下生活下去。一些哺乳动物（如几种啮齿类）能通过排泄浓缩的尿液来适应并克服水分的短缺，还找到了不用消耗水分就能降温的方法。它们甚至不必喝水也能活下来。其他动物，如骆驼，必须定期地饮水，但生理上能适应和忍耐长期的脱水，骆驼能忍受的水分消耗达自身总含水量的 30%，并能在 10 分钟内饮完约其体重 20% 的水。

荒漠地带

生产力取决于降雨量，几乎呈线性关系，因为降雨是限制生长的主要因子。在美国加利福尼亚州的莫哈韦沙漠，年降雨量 100 毫米的地方净生产力为 600 千克/公顷，降雨量增加到 200 毫米会使净生产力增加到 1000 千克/公顷。在冷荒漠地区，蒸发损失水分较少，200 毫米的年降雨量则能维持 1500 ~2000 千克/公顷的生产力。沙漠地区具有如此大的生产潜力，以至于土壤只要适宜，灌溉就能将荒漠转变成高产农田。但是，问题在于荒漠灌溉能否持续下去。由于土壤中水分大量蒸发，从而使盐分被留下来，有可能积累到有毒的水平，这一过程称之为盐渍化。使河流改变方向和排干湖泊来满足农业的需要，对其他地方的生态环境可能会产生毁灭性的影响。例如，由于用咸海的水进行灌溉，使其水位下降了 9 米，预测还会下降 8～10 米，它周围的湖岸线和暴露出来的湖底近似于荒漠，繁荣的渔业已经被破坏。

基本小知识

细　胞

细胞是生物体结构和功能的基本单位。细胞是生命系统结构层次的基石，离开细胞，就没有神奇的生命乐章，更没有地球上那瑰丽的生命画卷。从生物圈到细胞，生命系统层层相依，又有各自特定的组成、结构和功能。细胞可分为原核细胞和真核细胞。

湿地生态系统

湿地是陆地和水域之间的过渡区域，是一种生态交错带。生态交错带指两种或两种以上生态系统之间的过渡地带。湿地的这一定义是狭义的，只包括部分水体，即大多数人认为具有挺水植物的地区，而不包括开阔水体，例如，生长有挺水植物的湖滨地区被看作湿地，而大面积的开阔水体就不属于湿地。由于湖滨地区和开阔水域是紧密联系的，在资源与环境管理上应视为一个整体，这一定义将二者分割开来，不利于保护和管理等实际工作。

1971 年《湿地公约》对湿地的定义是国际公认的，是一

你知道吗

我国的湿地知多少

我国湿地面积占世界湿地的 10%，位居亚洲第一位，世界第四位。在我国境内，从寒温带到热带、从沿海到内陆、从平原到高原山区都有湿地分布，一个地区内常常有多种湿地类型，一种湿地类型又常常分布于多个地区。

我国 1992 年加入《湿地公约》，国家林业局专门成立了“湿地公约履约办公室”，负责推动湿地保护和执行工作。至 2009 年 11 月，列入国际重要湿地名录的湿地已达 37 处。

种广义的定义，即“湿地指不论其为天然或人工、长久或暂时性的沼泽地、泥炭地或水域地带，静止或流动的淡水、半咸水、咸水水体，包括低潮时水深不超过 6 米的水域”。这个定义包括海岸地带的珊瑚滩和海草床、滩涂、红树林、河口、河流、淡水沼泽、沼泽森林、湖泊、盐沼及盐湖。这一定义包括了整个江（河）流域，对于保护和管理都有明显的优点，因为土地利用计划是针对整个集水区或流域的，而整个流域从上游到下游是连在一起的，所以上游地区任何土地利用方式的变化都将影响下游地区。因此，提出这一广义的湿地定义，有助于从系统的角度确保对集水区所有水资源的良好管理。

◎湿地环境

湿地广泛分布在世界各地，是地球上生物多样性丰富和生产力较高的生态系统。常被称为“景观之肾”或“自然之肾”。是因为湿地在蓄洪防旱、调节气候、控制土壤侵蚀、促淤造陆、降解环境污染物等方面具有极其重要的作用，在地球水分和化学物质循环过程中所表现出的功能是不可替代的。

据统计，全世界共有湿地 8558×10^{6} 平方千米，占陆地总面积的 6.4%（不包括海滨湿地）；据国家林业局湿地公约履约办公室提供的资料（2000 年 2 月），中国的天然湿地和人工湿地总面积在 60×10^{6} 平方千米以上。

典型的湿地区域

湿地是一个较独立的生态系统，同时与周围其他生态系统相互联系、相互作用，发生物质和能量交换，有其自身的形成、发展和演化规律。从起源来看，湿地可分为 3 种：水体湿地化、陆地湿地化和海岸带湿地。水体湿地化包括湖泊湿地化、河流湿地化、水库湿地化等；陆地湿地化包括森林湿地化、草甸湿地化、冻土湿地化等；海岸带湿地则包括三角洲湿地、潮间带湿地、海岸潟湖湿地和平原海岸湿地。以下讨论淡水湿地和滨海湿地的几种主要生态系统类型。

淡水湖泊生态系统（水库是一种人工湖泊）很少有孤立的水体，一般与河流相连，受河水补给或补给河水。我国各地湖泊水量差别很大，受纬度和海拔高度等因素影响。我国的湖泊每年从10月中旬至12月中下旬，自北向南出现冰情，但北纬28°以南为不冻湖。我国淡水湖泊一般为重碳酸钙质水，矿化度在150～500毫克/升。

淡水沼泽生态系统地表常年过湿，或有薄层积水，有些还有小河、小湖和泥炭。沼泽在形成和发育过程中，产生泥炭，又称草炭。我国沼泽分布广泛，从寒温带到热带乃至青藏高原均有发育，因此沼泽自然环境条件差异很大。

红树林生态系统是热带海岸潮间带的一种常绿阔叶林生态系统，在暖流影响下亦分布到亚热带地区。我国红树林分布在海南、广东、广西、福建、香港和台湾等地。红树林主要生长在隐蔽海岸，因风浪较微弱、水体运动缓慢、泥沙淤积多而适于生存。红树林和珊瑚礁一样，帮助形成海岛和扩展海岸。红树林生态系统的潮滩土壤颗粒精细无结构，含高水分、高盐分，缺氧，含丰富的植物残体和有机质。由于厌氧分解产生大量的硫化氢，土壤带有特殊的臭味。红树林淤泥中含有大量钙质，含盐量0.2%～2.5%，pH值3.5～7.5。红树林分布中心的海水温度24℃～27℃，气温则在20℃～30℃。

◎湿地生物群落

湿地生物多样性丰富，还是重要的动植物物种完成生命过程的重要生境。例如，湖南省东洞庭湖湿地自然保护区，面积19×10^4平方千米，水生植物生长繁茂，已记录131种水生植物，经济鱼类100余种，有中华鲟、白鲟、白鳍豚、江豚等珍稀濒危物种，这里也是迁徙水禽极其重要的越冬地，已记录到鸟类120类。美国湿地面积不足其陆地面积的5%，但是美联邦政府所列濒危物种的43%依赖着湿地。

湖泊湿地以高等湿生植物为主要初级生产者，因而具有较高的生产力，并为消费者鱼类和其他水生动物提供了丰富的饵料和优越的栖息条件。如江西省鄱阳湖有湿地植物种类 38 科 102 种，地面高程由高到低分布着芦苇、苔草群落、水毛茛和蓼子草群落以及水生植物群落；消费者有鱼类 21 科 122 种，其中鲤科鱼占 50%，鸟类 280 种，属国家一级保护的动物有白头鹤、大鸨等 10 种，属二级保护的有 40 种。

沼泽生态系统的生产者为沼泽植物，最多的科是莎草科、禾本科，其次为毛茛科、灯心草科、杜鹃花科等约 90 科，包括乔木、灌木、小灌木、多年生草本植物以及苔藓和地衣；沼泽消费者有涉禽、游禽、两栖、哺乳和鱼类，其中有珍贵的或经济价值高的动物，如黑龙江省扎龙和三江平原芦苇沼泽中的世界濒危物种丹顶鹤，三江平原沼泽中的白鹤、白枕鹤、天鹅。沼泽中的哺乳动物有水獭、麝鼠和两栖类的花背蟾蜍、黑斑蛙等。

湿地生物

红树林生态系统主要初级生产者为红树科的木榄、海莲、红海榄、红树茄，还有海桑科的海桑、杯萼海桑，马鞭草科的白骨壤，紫金牛科的桐花等；消费者有浮游动物、底栖动物、游泳动物、昆虫以及陆生脊椎动物。红树林动物物种十分丰富，种类多样性高，占优势的海洋动物是软体动物，如汇螺科、蜒螺科、滨螺科和牡蛎科等，以及多毛类、甲壳类和一些鱼类；陆地动物包括栖息在红树林上、林下及林外潮滩上的鸟类、昆虫等陆生脊椎、无脊椎动物；潮间带动物包括红树林上、林下及林外湖滩生活的微型、大型底栖动物。

国际湿地公约——《拉姆萨尔公约》，是关于特别是作为水禽栖息地的国际重要湿地公约，1971 年 2 月 2 日在伊朗小城拉姆萨尔签署，为保护和可持续利用湿地设立国家保护行动及国际合作大纲，由 1975 年生效至今，已有 130 个缔约方，我国 1992 年加入国际湿地公约。

列入国际湿地公约国际重要湿地名录的湿地即为国际重要湿地。目前全球共有1140个湿地列入国际重要湿地，总面积为9170万公顷。

为纪念《拉姆萨尔公约》，1997年起确定每年的2月2日为“世界湿地日”，以推动全球的湿地保护行动。

我国1992年加入国际湿地公约时，有黑龙江扎龙、湖南东洞庭湖等6块湿地加入国际重要湿地名录，后又增加香港米埔，2002年又新增14处国际重要湿地。

我国国际重要湿地（首批被列入的7块国际重要湿地）名录如下：

黑龙江扎龙自然保护区

青海鸟岛自然保护区

海南东寨港自然保护区

香港米埔和后海湾国际重要湿地

江西鄱阳湖自然保护区

湖南东洞庭湖自然保护区

吉林向海自然保护区

黑龙江扎龙自然保护区

黑龙江扎龙自然保护区　位于黑龙江省齐齐哈尔市，面积约210000公顷。区内湿地主要有湖泊、沼泽、湿草甸3种类型，芦苇沼泽面积最大。保护区内有高等植物67科468种、鱼类9科46种、鸟类48科260多种，而鹤类是本区的主要保护对象，由以丹顶鹤、白枕鹤为主。

吉林向海自然保护区　位于吉林省西部的通榆县境内，面积约105467公顷，区内有有3条河流、22个湖泊以及数以百计的泡沼和大面积的沼泽。保护区内现已发现鸟类253种；兽类30多种；两栖爬行动物8种；鱼类30多种；野生植物600余种。本区内有6种鹤，其中3种在此繁殖；东方白鹳在区内营巢繁殖。该保护区以鹤类、白鹳和蒙古黄榆等为主要保护对象。

东寨港自然保护区　位于海南省琼山县，面积3337.6公顷，主要保护对象是以红树林为主的北热带边缘河口港湾和海岸滩涂生态系统及越冬鸟类栖息地。东寨港有红树林植物26种，半红树林和红树林伴生植物40种，占中国红树林植物种类的90%；该地栖息的鸟类有159种，其中列为中澳保护候鸟协定的鸟类有35种（名录共有81种），列入中日保护候鸟协定的有75种。东寨港是许多国际性迁徙水禽的重要停歇地和连接不同生物区界鸟类的重要环节。

青海鸟岛自然保护区 位于青海省的青海湖，海拔3200米，面积695200公顷。青海湖及环湖地区的鸟类有162种，其中以水禽为主，主要的4种大型水鸟鱼鸥约9000多只，鸬鹚近5000只，斑头雁12100余只、棕头鸥21300多只。此外，迁徙途经此区停歇的水禽有近20种，数量达7万多只。该区是黑颈鹤的栖息、繁殖区，春季约有20多只在此栖居，少数参加繁殖。冬季有大天鹅在此越冬，数量最多时达1540多只。此外，该区还有大量鹬类和一些猛禽的繁殖种群。

湖南东洞庭湖自然保护区 位于湖南省东北部，总面积19万公顷。本区有维管束植物159科1186种、鱼类23科114种、鸟类41科158种，其中有国家重点保护的鸟类32种。东洞庭湖自然保护区是候鸟重要的越冬地，每年约有1000万只候鸟在此越冬。

江西鄱阳湖自然保护区 位于江西省北部，面积22400公顷。该湖区受修河水系和赣江水系影响，枯水期保护区水落滩出，形成草洲河滩与9个独立的湖泊；丰水期9个湖泊融为一体，形成鄱阳湖水一片汪洋。该地是迁徙水禽及其重要的越冬地，保护区共有鸟类近250种，其中水禽108种，主要水禽有白鹤、白鹳、天鹅和多种雁鸭类。湖泊中有122种鱼类，其中不乏商用鱼类。据1998年冬观测，有越

鄂尔多斯遗鸥自然保护区

冬候鸟近 10 万只，其中白鹤 1500 多只、白枕鹤 1000 多只、小天鹅 2000 多只、白琵鹭 2000 多只、雁鸭类各 3 万多只。

香港米埔和后海湾国际重要湿地　位于香港西北部，总面积 1500 公顷。湿地区内主要有鱼/虾池塘、潮间带滩涂（包括咸水滩涂）、红树林潮间带滩涂等 3 种湿地类型。湿地区内高等植物约 190 种、鱼类约 40 种、鸟类约 280 种。主要保护对象为鸟类及其栖息地。

第二批被列入的 14 个国际重要湿地：

黑龙江洪河自然保护区

黑龙江三江自然保护区

黑龙江兴凯湖自然保护区

内蒙古达赉湖自然保护区

内蒙古鄂尔多斯自然保护区

大连斑海豹保护区

江苏大丰麋鹿自然保护区

江苏盐城沿海滩涂湿地

上海崇明东滩自然保护区

湖南南洞庭湖自然保护区

湖南汉寿西洞庭湖自然保护区

广东湛江红树林保护区

广东惠东港口海龟保护区

广西山口红树林保护区

上海市崇明东滩自然保护区　位于低位冲积岛屿——崇明岛东端的崇明东滩，在长江泥沙的淤积作用下，形成了大片淡水到微咸水的沼泽地、潮沟和潮间带滩涂。区内有众多的农田、鱼塘、蟹塘和芦苇塘，沼生植被繁茂，底栖动物丰富，是亚太地区春秋季节候鸟迁徙极好的停歇地和驿站，也是候鸟的重要越冬地。

大连国家级斑海豹自然保护区　保护区沿岸海底地势陡峭坡度较大均为基岩水深多在 5 ~ 40 米，主要保护物种为斑海豹，被列入国家二级保护水生动物。

江苏盐城保护区

大丰麋鹿自然保护区 典型黄海滩涂湿地，物种丰富多样，具有显著的生态价值、社会价值和经济价值。

内蒙古达赉湖自然保护区 该湿地由达赉湖水系（部分）形成的集湖泊、河流、沼泽、灌丛、苇塘为主要组成部分的湿地生态系统。具有干旱草原区湿地的典型特征：具有很好原始性、自然性。其作用是为牧业、渔业、城市供水和旅游提供物质基础，为众多鸟类提供良好的栖息场所。

广东湛江红树林国家级自然保护区 本湿地是中国大陆最南端而且是最大面积的海岸红树林湿地。据初步调查有红树植物 24 种、鸟类 82 种及丰富的浅海生物资源。退潮后露出大面积裸滩为水禽觅食和栖息的提供优良场所。

黑龙江洪河自然保护区 属内陆湿地和水域生态系统类型自然保护区，其主要保护对象为水生、湿生和陆栖生物及其生境共同组成的湿地生态系统及东方白鹳、丹顶鹤、白枕鹤等和国家重点保护野生动物。

广东惠东港口海龟国家级自然保护区 该湿地位于南中国海的大亚湾与红海湾交界处，海水、沙滩环境质量良好，一

广角镜

动物的种类

目前已知的动物种类大约有 150 万种。可分为无脊椎动物和脊椎动物。科学家已经鉴别出 46900 多种脊椎动物。包括鲤鱼、黄鱼等鱼类动物，蛇、蜥蜴等爬行类动物，还有大家熟悉的鸟类和哺乳类动物。

科学家们还发现了大约 130 多万种无脊椎动物。这些动物中多数是昆虫，并且昆虫中多数是甲虫。另外，像鼻涕虫、海绵等动物都属于无脊椎动物。

直以来是幼龟和雌龟栖息地，也是中国大陆目前唯一的绿海龟按期成批地洄游产卵的场所，是我国目前唯一的海龟自然保护区。

鄂尔多斯遗鸥自然保护区　属于欧亚草原区和亚洲荒漠区，属生态脆弱区，主要以沙柳、乌柳为主要建群种，以芨芨草、碱蓬、红柳为建群种的盐化旱滩地。保护区坚持以保护自然环境拯救濒危物种遗鸥，积极开展科学研究普及科学知识为主。

黑龙江三江国家级自然保护区三江保护区　低洼平缓，河流纵横，漫滩广阔，沼泽植被发育良好，属低冲积平原，典型内陆高寒湿地和水域生态系统，保留了三江平原原始永久性和季节性淡水沼泽湿地和野生生物特有遗传基因，具有丰富的生物多样性。

广西山口国家级红树林自然保护区　该区内有百年树龄红海榄、木榄群落，生长高大连片，在中国极为罕见；还有儒艮、白海豚、文昌鱼、中国鲎、马氏珍珠贝、黑脸琵鹭、黑嘴鸥等濒危野生动物。

湖南南洞庭湖湿地和水禽自然保护区　该湿地位于长江中游平原最大的过水性淡水湖泊——洞庭湖的南部，生物多样性极其丰富，是白鹳、白鹤等许多水禽的重要栖息地，经济动、植物产量高，价值大，该湿地对长江的洪水调蓄作用极其重要。

湖南汉寿西洞庭湖（目平湖）自然保护区　本湿地是整个洞庭湖湿地不可分割的重要

拓展阅读

脊椎动物的特征

脊椎动物的特征是：有由脊椎骨组成的脊柱；脊柱保护脊髓、脊柱与其他骨骼组成脊椎动物特有的内骨骼系统；有明显的头部，背神经管的前端分化成脑及其他感觉器官，例如眼、耳等，脑及感觉器官集中在头部，可加强动物对外界的感应；身体由表皮及真皮覆盖；皮肤有腺体，大部分脊椎动物的皮肤有保护性构造，例如鳞片、羽毛、体毛等；有完整的消化系统、口腔内有舌，多数有牙齿，亦有肝及胰脏；循环系统包括有心脏、动脉、静脉及血管；排泄系统包括两个肾脏及一个膀胱；有内分泌腺，能分激素（荷尔蒙）调节身体机能，生长及生殖。

组成部分，是亚热带内陆湿地的典型代表，湿地内蕴藏着丰富的生物资源，具有重要的保护和科研价值。

兴凯湖国家级自然保护区 该保护区是许多濒危物种的主要栖息地，是候鸟南北迁徙的重要停歇地，是中国三江平原湿地的重要组成部分，是生物多样性极为丰富的湿地生态系统。

江苏盐城保护区（盐城沿海滩涂湿地）保护区 地处江淮平原，位于太平洋西海岸，582 千米的海岸线，广阔的淤泥质潮滩形成了中国沿海最大的一块滩涂湿地，孕育着大量的生物，保证了数百万计水禽的迁徙及丹顶鹤等濒危物种的越冬安全。

河流生态系统

河流属流水型生态系统，是陆地和海洋联系的纽带，在生物圈的物质循环中起着主要作用。与湖泊生态系统相比，河流生态系统主要具有以下特点。

1. 纵向成带现象。湖泊和水库的水温变化具有典型的水平分层现象，而在河流中却是纵向流动的。从上游到河口，水温和某些水化学成分发生明显的变化，由此而影响着生物群落的结构。鱼类在河流中的纵向分布就属这方面的例子。鱼类分布的明显纵向变化和水温、流速以及 pH 值的变化有关。当然这种纵向替换并不是均匀的连续变化，特殊条件和特殊种群可以在整个河流没有明显变化。

2. 生物多具有适应急流生境的特殊形态结构。在流水型生态系统中，水流常是主要限制因子。所以，河流中特别是河流上游急流中生物群落的一些生物种类，为适应这种环境条件在自身的形态结构上有相应的适应特征，有的营附着或固着生活，如淡水海绵和一些水生昆虫的幼体，它们的壳和头黏合在一起；有的生物具有吸盘或钩，可使身体紧附在光滑的石头表面；有的体呈流线型以使水流经过时产生最小的摩擦力。从水生昆虫幼体到鱼类均可见到这现象，还有的生物体呈扁平状，使之能在石下和缝隙中得到栖息场所。

基本小知识

陆地

地球表面未被水淹没的部分叫陆地，由大陆、岛屿、半岛和地峡几部分组成。它的平均海拔高度为875米。人们在陆地上繁衍生息，用智慧和双手创造人类文明，建设美好的家园。

陆地总面积占地球表面积的29.2%，全球有亚欧大陆、非洲大陆、北美洲大陆、南美洲大陆、澳大利亚大陆和南极洲大陆6块，总面积为1.391亿平方千米；四周被海水包围的小块陆地称岛屿，总面积为980万平方千米。陆地大部分分布于北半球，岛屿多分布于大陆的东岸。陆地表面起伏不平，有山脉、高原、平原、盆地等。

3. 相互制约关系。复杂河流生态系统受其他系统的制约较大，绝大部分河段受流域，内陆地生态系统的制约，流域内陆地生态系统的气候、植被以及人为干扰强度等都对河流生态系统产生较大影响。例如流域内森林一旦破坏，水土流失加剧，就会造成河流含沙量增加、河床升高。河流生态系统的营养物质也主要是靠陆地生态系统的输入。还有，河流在生物圈的物质循环中起着重要的作用，全球水平衡与河流营养的输入有关。另外，它将高等和低等植物制造的有机物质、岩石风化物、土壤形成物和陆地生态系统中转化的物质不断带入海洋，成为海洋，特别是沿海和近海生态系统的重要营养物质来源，它影响着沿海，

拓展阅读

河流湖泊湿地

湿地可分为几种，河流湖泊湿地是其中之一。河流湖泊湿地又包括永久性的河流：永久性的河流和溪流，包括瀑布、内陆三角洲。暂时性的河流：季节性和间歇性流动的河流和溪流；河流洪泛平原，包括河滩，洪泛河谷和季节性泛洪草地。永久性的湖泊：永久性的淡水湖（8平方千米以上），包括遭季节性或间歇性淹没的湖滨；永久性的淡水池塘（8平方千米以上）。季节性的湖泊：季节性淡水湖（8平方千米以上），包括洪泛平原湖。

特别是河口、海湾生态系统的形成和进化。因此，河流生态系统的破坏，对环境的影响远比湖泊、水库等静水生态系统大。

4. 自净能力更强，受干扰后恢复速度较快。由于河流生态系统流动性大，水的更新速度快，所有系统自身的自净能力较强，一旦污染源被切断，系统的恢复速度比湖泊、水库要迅速。另外，由于有纵向成带现象，污染危害的断面差异较大，这也是系统恢复速度快的原因之一。具体情况还与污染物的种类、河流的水文、形态特征有关。

海洋生态系统

◎海洋环境

海洋在地球上是广阔连续的水域。海洋总面积3.6亿公顷，覆盖71%的地球表面，平均水深2750米，占地球总水量的97%。海洋的中心部分叫洋，具有深的浩瀚水域、独自的潮汐和洋流系统、比较稳定的盐度（约3.5%左右）。世界上四大洋的平均深度4028米。海洋的边缘部分叫海，没有独自的潮汐和洋流系统，如澳大利亚东北面的珊瑚海为世界上最大的海。两端连接海洋的狭窄水道称为海峡，如马六甲海峡连接太平洋和印度洋。海洋底部可分为大陆架、大陆坡和洋底。大陆架是各洲大陆在海水以下的延续部分，一般坡度较缓；再向海洋延伸会逐渐陡斜，这部分海底称为大陆坡；最后是深度达几千米的洋底。洋底约占海洋总面积的80%，地形起伏不平，形成海岭、海盆、海沟和海渊等。

所有海洋都是相连的，很多海洋生物能自由运动，但海水深度、盐度和温度则是主要障碍。两极和赤道的气温差会引起强风，与地球转动结合在一起，产生表层海水的洋流。因温度和盐分变化造成密度的差异还会引起深层海水的流动。水的循环流动有助于氧的溶解和营养物质的交换，风持续地把表层水吹走后，由较冷的深层海水补充，同时积累于深层的营养物质也被带到海水表层，这称为海水的上涌过程。它能形成巨大的生产能力，例如由秘鲁海流引起的上涌产生了世界上最富饶的渔场之一。

海水的运动还包括由太阳和月亮的引力作用产生的潮汐。在近海岸带，海洋生物繁多，潮汐显得特别重要，使海洋生物群落形成明显的周期性。

海洋中含有较多的盐分，大约2.7%是氯化钠，其余的是镁、钙、钾盐。大洋的盐度随季节变化非常小，而在海湾和河口的半咸淡水，盐度的季节变化非常明显。

海洋生境的另一特点是溶解的营养物质浓度低。虽然含盐较多，但硝酸盐、磷酸盐和其他营养盐类含量稀少，而且这些生物必需的盐类存留时间短，随不同地区和季节而明显变化。仅少数有剧烈海水上涌流动的地方，营养物质非常丰富。

浅海区是介于海滨低潮带以下的潮下带至深度200米左右大陆架边缘之间。因水深平均130米，光线可达海底生物群落。来自大河的淡水，使该区的盐度比大洋或深海更容易发生变化。而且从陆地输入了大量营养物质，且与纬度和洋流一道决定了海水温度和营养物质状态。水温变化大，在温带地区有季节性。底质多松软，由沙和泥沉积而成。从近海向外海方向，盐度、温度和光照的变化程度逐渐减弱。

繁多美丽的海洋生物

远洋区是水深200米以上，大陆架以外远离陆地的深海水域及与之相连的海底，占地球水域的85%～90%。该区含盐量基本上稳定。在表层，波浪是主导因素，溶解氧含量高，阳光充足。深海环境稳定，温度变化小，溶解氧少，光线微弱，水的压力大，没有绿色植物的光合作用。

河口区是陆地江河淡水和海水交汇的混合区域，为淡水和海洋栖息地之间的过渡区或群落交错区。河口区水浅，水温变化大，盐度变化具有周期性和季节性，溶解氧含量较大，透明度低，底质为松软的泥沙沉积而成。

◎海洋生物群落

生物在海洋中无处不在，但在接近大陆和海岛的周围特别稠密。浅海区是生产力最高的海洋生态系统，特别是上涌区，水流将营养物质带到表水层。主要的初级生产者有硅藻、腰鞭毛藻（甲藻）等；消费者中浮游动物为桡足类、磷虾等较大的甲壳类，还有孔虫类、放射虫类和砂壳纤毛虫等原生动物；底栖生物消费者为蛤类、海蛇尾类、多毛类、双壳类、甲壳类等。自游生物和漂浮生物为第二级和第三级消费者，如鱼类、大型甲壳动物、龟鳖类、哺乳类（鲸鱼、海豹等）和海浮鸟类等。

基本小知识

鱼类的特征

鱼类的特征是，只能生活于水中；皮肤有鳞片覆盖，属变温动物；具有鳍，可以在水中游动，用鳃呼吸；体外受精，主要为卵生，部分为胎生及卵胎生。鱼的种类很多，主要分为软骨和硬骨两大类别。软骨类如鲨鱼，皮肤坚韧，有极细小楯鳞，无鱼鳔，尾鳍上下不对称，有五对鳃，没有鳃盖；硬骨类如马口鱼，骨骼为硬骨，皮肤有许多黏液腺，为骨鳞片所覆盖，有鱼鳔。

河口区比海洋其他区域有较高的生产力。河口生态系统的生产者利用丰富的营养物质，在全年内都能进行光合作用，主要初级生产者有海藻、海草等大型水生植物，硅藻等小型底栖植物和浮游植物；河口区一些含红色素的甲藻突然大量繁殖会形成“赤潮”，由于周期性地出现，并蔓延到沿岸水域，鱼类和其他自游生物会中毒大量死亡。河口区消费者包括地方性的半咸水动物（已适应于低盐条件下的河口湾特有种类）、海洋动物（入侵的海洋种类）和淡水动物（入侵的广盐性淡水动物）。例如，牡蛎、泥蚶和蟹等都是完全在河口湾生活的，而油蚌只是幼年期在河口区生活，几种重要的虾类的成年个体在近海生活和产卵，而幼体进入河口湾中。鲑、鳗鲡等由海水向淡水洄游，在河口湾停留时间相当长。如此多的经济鱼类依靠河口区生活，保护这些河口栖息地在经济上、生态上都具有重要意义。

远洋区的生物群落全部由营浮游生活和底栖生活的生物组成。浮游植物以“微型浮游植物”占优势。该区上涌带常见群生硅藻，消费者为多种鱼类；而珊瑚礁以藻类和腔肠动物（如珊瑚虫）的共生关系为特征；在海水上层，蓝细菌和固氮蓝藻是重要的自养性浮游生物。动物最为丰富，有金枪鱼、飞鱼、乌贼、鲨鱼、鲸等。随着海水深度增加，生产者不能生存，消费者依靠碎屑食物和上层生物为生，多为肉食者，如在远洋海水中层有磷虾类、鱼等；在远洋底层有甲壳类、多毛类、海参类，以及宽咽鱼、深海鳗和其他多种鱼类。

广角镜

湿地的分类

“湿地”，泛指暂时或长期覆盖水深不超过2米的低地、土壤充水较多的草甸以及低潮时水深不过6米的沿海地区，包括各种咸水淡水沼泽地、湿草甸、湖泊、河流以及泛洪平原、河口三角洲、泥炭地、湖海滩涂、河边洼地或漫滩、湿草原等。按《国际湿地公约》定义，湿地系指不问其为天然或人工、长久或暂时之沼泽地、湿原、泥炭地或水域地带，带有静止或流动、或为淡水、半咸水或咸水水体者，包括低潮时水深不超过6米的水域。潮湿或浅积水地带发育成水生生物群和水成土壤的地理综合体。

生态平衡

SHENGTAI ZIYUAN DASAOMIAO

生态平衡是相对而言的，所以也是动态的。在生物进化和群落演替过程中就包含不断打破旧的平衡，建立新的平衡的过程。人类应从自然界中受到启示，不要消极地看待生态平衡，而是发挥主观能动性，去维护适合人类需要的生态平衡（如建立自然保护区），或打破不符合自身要求的旧平衡，建立新平衡（如把沙漠改造成绿洲），使生态系统的结构更合理，功能更完善。

生态平衡是整个生物圈保持正常的生命维持系统的重要条件，为人类提供适宜的环境条件和稳定的物质资源。

生态平衡的概念

生态平衡又称为“自然平衡”。即指生态系统中，在一定的时期内，生产者、消费者和分解者之间都保持着一种相对平衡状态；也就是生态系统的能量流动和物质循环，较长期地保持稳定，这种平衡状态叫作生态平衡。生态系统处于平衡状态时，系统中有机体种类和数量最大、生物量和生产力也最大。比如一个池塘，当水量稳定，水质良好，生物茂盛，鱼儿欢畅时，即处于生态平衡状态。如果一个生态系统受到外界环境的干扰（如环境污染），并且超过它本身的自动调节能力，生态平衡就会遭到破坏。比如那个池塘，一旦水被污染，水质变坏，鱼类大量死亡，生态平衡即遭到破坏。

基本小知识

鸟

鸟类具有发达的神经系统和感官。鸟类的大脑、小脑、中脑都很发达。大脑半球较大，这主要是由于大脑底部纹状体的增大。在鸟类，纹状体是管理运动的高级部位，也和一些复杂的生活习性相关。实验证明，切除鸟的一部分纹状体后，它的正常的兴奋和抑制就被破坏，视觉受影响，求偶、营巢等习性丧失。由此来看鸟类的大脑皮层并不发达，小脑很发达，这与鸟类飞翔运动的协调和平衡相关。

拓展阅读

鸟类的特征

鸟类全身披有羽毛，身体呈流线型，有角质的喙；眼在头的两侧，颈部长而灵活可270度转；前肢特化成翼，后肢有鳞状外皮，具四趾；能通过自身的生理过程产生热量，即使外界温度很低，他们也能维持高而恒定的体温，其平均体温比哺乳动物高出10℃左右（平均42℃）。

生态平衡的建立

生态系统也像人一样，有一个从幼年期、成长期到成熟期的过程。生态系统发展到成熟阶段时，它的结构、功能，包括生物种类的组成、生物数量比例以及能量流动、物质循环，都处于相对稳定状态。比如，水塘里的鱼靠浮游动植物生活，鱼死后，水里的微生物把鱼的尸体分解为化合物，这些化合物又成为浮游动植物的食物，浮游动物靠浮游植物为生，鱼又吃浮游动物。这样，在水塘里，微生物—浮游动植物—鱼之间建立了一定的生态平衡。

在一般情况下，成熟的生态系统内部物种越丰富，食物网就越复杂，物质循环和能量流动可以多渠道进行。如果某一环节受阻，其他环节可以起补偿作用。比如隼以兔、田鼠、麻雀、蛇为食物，当兔、蛇被捕杀，隼就转到吃麻雀、田鼠为主。当然，这种自我调节能力有一定限度，超过限度，平衡就会遭到破坏，甚至导致生态危机。欧洲移民刚到澳大利亚时，发现那里青草茵茵，于是大力发展养牛。后来牛粪成灾，造成牧草退化，蝇类滋生，只得引进以粪便为食物的蜣螂，才使牧场恢复原貌。

基本小知识

植　物

植物是生物界中的一大类。植物可分为孢子植物和种子植物。一般有叶绿素，基质，细胞核，没有神经系统。分藻类、地衣、苔藓、蕨类和种子植物，种子植物又分为裸子植物和被子植物，有30多万种。植物是能够进行光合作用的多细胞真核生物。但许多多细胞的藻类也是能够进行光合作用的生物，它们与植物的最大区别就是水生和陆生。

影响生态平衡有自然和人为两种因素。火山爆发、雷击火灾、地震、泥石流等，属于自然因素；过度垦荒、放牧，乱捕滥猎等等，属于人为因素。生态平衡的破坏，主要是人为造成的，如埃及阿斯旺大坝挡住了肥沃的淤泥，使尼罗河下游的土地贫瘠化；河里的营养物质减少，使尼罗河三角洲和地中海的渔业生产受影响，埃及沙丁鱼的捕捞量减少。又如印度北部山区由于森林资源全部被砍光，引起1978年的特大洪水，结果2000多人被淹死，4万头牲畜被冲走。

生态平衡是一种动态平衡，在这种平衡系统内部时时刻刻发生着各种物质循环和能量流动。虽然这种平衡系统对外界的干扰相当敏感，但这并不是说人类不能利用环境、改造环境。为了更加有利于自己的生存，人类完全可以建立新的平衡。我国珠江三角洲一带的“桑基池塘”，使桑、蚕、鱼的生产相互促进，是农业生态平衡的成功例子。此外，我国人民把北大荒改造成“北大仓”，也是一个重建高质量生态平衡的典型。

你知道吗

光合作用释放氧气

绿色植物光合作用是地球上最为普遍、规模最大的反应过程，在有机物合成、蓄积太阳能量和净化空气，保持大气中氧气含量和碳循环的稳定等方面起很大作用，是农业生产的基础。据计算，整个世界的绿色植物每天可以产生约4亿吨的蛋白质、碳水化合物和脂肪，与此同时，还能向空气中释放出5亿吨还多的氧，为人和动物提供了充足的食物和氧气。

生态消长

生物群落往往随环境因素或时间的变迁而发生变化。凡是在同一环境内，原有的生物群落可以暂时或永久的消失，而由另一新的群落所代替，这种生物群落的交替现象称为生态消长或叫“生态演替”。消长是生物本身的行为所造成的。地理环境可以影响消长，但不是造成生态消长的原因；生态消长对于环境稳定、农业生产、环境保护具有重要意义。

基本小知识

鸟的分类

鸟类根据生态类型可分为游禽、涉禽、鹑鸡、鸠鸽、攀禽、猛禽和鸣禽七个生态类型。游禽：喙扁阔或尖长，腿短而具蹼，翼强大或退化；涉禽：喙细而长，脚和趾均很长，蹼不发达，翼强大；鹑鸡：啄短而强，足和爪强健，翼短圆；鸠鸽：喙短、基部具蜡膜，足短健，翼发达；攀禽：喙强直，足短健、对趾型，翼较发达；猛禽：喙强大呈钩状，足强大有力，爪锐钩曲，翼强大善飞；鸣禽：喙外形不一，足短细，翼较发达。

广角镜

湿地的多样性

湿地能改善环境污染，它有如下特点：一是至少周期性地以水生植物为植物优势种；二是底层土主要是湿土；三是在每年的生长季节，底层有时被水淹没。湖泊与湿地以低水位时水深2米处为界，按照这个湿地特征，世界湿地可以分成海岸、河口、内陆等二十多个类型。

湿地的水文条件是湿地属性的决定性因素。水的来源（如降水、地下水、潮汐、河流、湖泊等），水深，水流方式，以及淹水的持续期和频率决定了湿地的多样性。

生态因素

生态因素又称为“生态因子”，指影响生物生长发育和分布特征的环境条件。其包括：1. 气候条件：光、温度、湿度、雨量和空气等因子。2. 土壤条件：土壤组成和物理、化学特征等。3. 生物条件：动物、植物和微生物条件。4. 地理条件：地理位置、地形和地质条件。5. 人为因素：开垦、采伐、引种、栽培等。人为因素，特别是人为引起的环境污染，可以引起气候、土壤、生物条件的变化，对生物产生不良影响。实际上，任何一个生态因素都是在其他因素的配合下，通过环境对生物起作用。

基本小知识

植物可以美化环境

成千上万的植物物种被种植用来美化环境、提供绿荫、调整温度、降低风速、减少噪音、提供隐私和防止水土流失。人们会在室内放置切花、干燥花和室内盆栽，室外则会设置草坪、荫树、观景树、灌木、藤蔓、多年生草本植物和花坛花草植物的意象通常被使用于美术、建筑、性情、语言、照相、纺织、钱币、邮票、旗帜和臂章上头。活植物的艺术类型包括绿雕、盆景、插花和树墙等。观赏植物有时会影响到历史，如郁金香狂热。

生态幅度

生态幅度指生物有机体，或生物有机体的某一生理过程适应生态环境条件的范围。这个范围可以指整个生态环境，也可以指生态环境中的某一生态因素。有些生物对生态环境条件的适应幅度较大，这种生物称为广生态幅，或叫作“广生性生物”。对生态环境条件适应幅度较小的生物，称为狭窄生态幅，或称为“狭生性生物”。如典型的热带植物，就不能适应低温条件，则属于狭生性生物。又如蕨，它在不同的气候条件下的多种生境中都可以出现，因而它是广生态幅的植物。

知识小链接

植物经济

植物每年有数十亿美元的旅游产业，包括到植物园、历史公园、国家公园、郁金香花田、雨林以及有多彩秋叶的森林等地的旅行。植物也为人类的精神生活提供基础需要。每天使用的纸就是用植物制作的。一些具有芬芳物质的植物则被人类制作成香水、香精等各种化妆品。许多乐器也是由植物制作而成。而花卉等植物更是成为装点人类生活空间的观赏植物。

广角镜

开花植物的兴起

在植物的发展历程中，由于地球环境由中生代的全球均一性热带、亚热带气候逐渐变成在中、高纬度地区四季分明的多样化气候，蕨类植物因适应性的欠缺进一步衰落，裸子植物也因适应性的局限而开始走上了下坡路。这时，被子植物在遗传、发育的许多过程中以及茎叶等结构上的进步性，尤其是它们在花这个繁殖器官上所表现出的巨大进步性发挥了作用，使它们能够通过本身的遗传变异去适应那些变得严酷的环境条件，反而发展得很快，分化出更多类型，到现代已经有了 90 多个目、200 多个科。正是被子植物的花开花落，才把四季分明的新生代地球装点得分外美丽。

生态效益

生态效益也称为“环境效益”。人类的生产活动可产生两方面的效果：1. 积极效果，即生产出各种生产资料和消费资料。2. 消极效果，即破坏自然资源和污染自然环境。在积极效果方面，生产所获得的纯收益（即利润）就是经济效益。在消极效果方面，如生产过程中不合理利用自然资源（如滥伐森林、过度放牧、盲目垦殖等）所引起的环境恶化（水土流失、土地沙化、资源浪费等），或排出“三废”污染环境。凡是破坏自然资源和污染自然环境的生产行为所造成的损失，都是消极的生态效益。因此，在计算人类生产活动的总效益时，经济效益是正值，生态效益是负值。有些生产活动，如植树造林、栽花种草等，既有经济效益，又有美化环境的生态效益。因此，人类在生产活动中，既要考虑提高经济效益，又要考虑产出最佳的生态效益。

基本小知识

环境的细分

通常按环境的属性，将环境分为自然环境、人工环境和社会环境。自然环境，通俗地说，是指未经过人的加工改造而天然存在的环境；自然环境按环境要素，又可分为大气环境、水环境、土壤环境、地质环境和生物环境等。人工环境，通俗地说，是指在自然环境的基础上经过人的加工改造所形成的环境，或人为创造的环境。人工环境与自然环境的区别，主要在于人工环境对自然物质的形态做了较大的改变，使其失去了原有的面貌。社会环境是指由人与人之间的各种社会关系所形成的环境，包括政治制度、经济体制、文化传统、社会治安、邻里关系等。

趣味点击

陆地上最长的植物

在非洲的热带森林里，生长着参天巨树和奇花异草，也有绊你跌跤的“鬼索”，这就是在大树周围缠绕成无数圈圈的白藤。白藤也叫省藤，中国云南也有出产。藤椅、藤床、藤篮、藤书架等，都是以白藤为原料加工制成的。白藤从根部到顶部，达 300 米，比世界上最高的桉树还长 1 倍呢。白藤长度的最高纪录竟达 400 米。

生态失调

生态失调即是生态平衡遭到破坏。生态平衡遭到破坏的原因有 2 个：自然原因和人为因素。自然原因主要指自然界发生的异常变化，如火山爆发、山崩、海啸、水旱灾害、地震、台风等。这类原因引起的生态平衡的破坏称为第一环境问题。人为因素主要指对自然资源的不合理利用，工农业生产带来的环境污染等。由这些原因引起的生态平衡的破坏，称为第二环境问题。生态失调的根本原因是后者，人为因素引起生态平衡的破坏，问题是十分严重的。如捕杀某一级消费者，或者破坏了生态系统的功能（污染大气、水体和土壤），就会阻碍生物之间以及生物与环境之间正常的物质循环和能量转化，打破生态系统内外输入与输出的平衡状况，使生态失调。

知识小链接

我国的湿地植物现状

我国湿地分布广，是世界湿地植物种类和植被类型丰富的国家之一。根据全国湿地资源调查，我国湿地高等植物约225科815属2276种，分别占全国科、属、种的63.7%、25.6%、7.7%。

湿地高等植物中，濒危种约有100种。如亚热带的水松，江南湿地的李氏禾，青藏高原湿地的芒尖苔草、西藏粉报草、斑唇马先蒿，三江平原的绶草、大花马先蒿，南部沿海红树林湿地的水椰、木榄、红榄李等都是濒危、渐危或稀有种。列为国家一级重点保护的湿地野生植物有6种：中华水韭、宽叶水韭、莼草、水松、水杉、长喙毛茛泽泻。

生态资源大扫描

生态因子的生态作用

SHENGTAI ZIYUAN DASAOMIAO

生态因子指对生物有影响的各种环境因子。常直接作用于个体和群体，主要影响个体生存和繁殖、种群分布和数量、群落结构和功能等。各个生态因子不仅本身起作用，而且相互发生作用，既受周围其他因子的影响，反过来又影响其他因子。

生态因子的类型多种多样，根据生态因子的性质，可分为以下五类：气候因子、土壤因子、地形因子、生物因子、人为因子。这些生态因子与环境、生物有着密切的关系，其作用对生态平衡有重要意义。

环境与生态因子

◎环　境

广义的环境概念是指某一主体周围一切事物的总和。在生态学中，生物是环境的主体，环境指某一特定生物体或群体以外的空间，以及直接或间接影响该生物体或生物群体生存与活动的外部条件的总和。环境有大小之分，如对生物主体而言，生物环境可大到整个宇宙，小至细胞环境。对太阳系中的地球生命而言，整个太阳系就是地球生物生存和运动的环境；对栖息于地球表面的动植物而言，整个地球表面就是它们生存和发展的环境；对于某个具体生物群落而言，环境是指所在地段上影响该群落发生发展的全部无机因素和有机因素的总和。环境这个概念既是相对的，又是具体的，即相对每个具体主体及研究对象而言，环境都有其特定的内涵，环境内涵的认识及界定，是生态系统边界划分的重要内容。

关于环境的分类，至今尚未形成统一的分类系统。一般可按环境的主体、环境的性质、环境影响的范围等进行分类。

按环境的主体分类可分为：一种是以人为主体的人类环境，其他生命物质和非生命物质均被视为构成人类环境的要素；另一种是以生物为主体的生物环境，即生物体以外的所有要素构成的环境。

按环境性质分为自然环境、半自然环境（经人类干涉后的自然环境）和人工环境。

按人类对环境的影响分为原生环境（自然环境）和次生环境（半自然环境和人工环境）。

按环境范围大小可分为宇宙环境（或称星际环境）、地球环境、区域环境、微环境和内环境。

宇宙环境指大气层以外的宇宙空间，是人类活动进入大气层以外的空间和地球邻近天体的过程中提出的新概念，也可称之为空间环境。宇宙环境由广阔的空间和存在其中的各种天体及弥漫物质组成，对地球环境能产生深刻的影响。太阳辐射是地球的主要光源和热源，是地球上一切生命活动和非生命活动的能量源泉。太阳辐射能的变化影响着地球环境。例如，太阳黑子出现与地球上的降雨量有明显的相关关系。月球和太阳对地球的引力作用产生潮汐现象，并可引起风暴、海啸等自然灾害。

地球环境由大气圈内的对流层、水圈、土壤圈及岩石圈组成，又称全球环境，也称地理环境，地球环境与人类及生物的关系尤为密切。其中生物圈中的生物把地球上各个圈层的关系有机地联系在一起，并推动各种物质循环和能量转换。

区域环境指占有某一特定地域空间的自然环境。它是由地球表面不同地区的5个自然圈层相互配合而形成的。不同地区，形成各种不同的区域环境特点，分布着不同的生物群落。

微环境指区域环境中，由于某一个（或几个）圈层的细微变化而产生的环境差异所形成的小环境。

内环境指生物体内组织或细胞间的环境，对生物体的生长和繁育具有直接的影响，如叶片内部，直接和叶肉细胞接触的气腔、通气系统，都是形成内环境的场所。内环境对植物有直接的影响，且不能为外环境所代替。

环境是一个复杂的，有时、空、量、序变化的动态系统和开放系统。系统内外存在着物质和能量的转化。系统外部的各种物质和能量，通过外部作用，进入系统内部，这个过程称为输入；系统内部也对外部发生一定作用，通过系统内部作用，一些物质和能量排放到系统外部，这个过程称为输出。在一定的时空尺度内，若系统的输入等于输出，就出现平衡，这就是环境平衡或生态平衡。

系统的内部，可以是有序的，也可以是无序的。系统的无序性，称为混乱度，也叫熵。熵越大，混乱度越大，越无秩序，如城市的人工物资系统和城市居民，都趋向于增加整个城市环境系统的熵值；反之，则称为负熵，即系统的有序性，负熵越大，即伴随物质能量进入系统后，有序性增大，如城市生物能增加系统负熵，系统的有序性增大。环境平衡就是保持系统的有序性，保持开放系统有序性的能力，称为稳定性；具有稳定性的开放系统，称为耗散结构。

系统的组成和结构越复杂，稳定性就越大，越容易保持平衡；反之，系统越简单，稳定性越小，越不容易保持平衡。因为任何一个系统，除组成成分的特征外，各成分之间还具有相互作用的机制。这种相互作用越复杂，彼此的调节能力就越强；反之则越弱。这种调节的相互作用，称为反馈作用。最常见的反馈作用是负反馈作用，负反馈控制可以使系统保持稳定，正反馈使偏离加剧。例如在生物的生长过程中，个体越来越大，或一个种群个体数量不断上升，这都属于正反馈，正反馈是有机体生长和生存所必需的。但正反馈不能维持稳定，要使系统维持稳定，只有通过负反馈控制。因为地球和生物圈的空间和资源都是有限的，因此反馈使系统具有自我调节的能力，以保持系统本身的稳定和平衡。

由于人类环境存在连续不断的、巨大的和高速的物质、能量和信息的流动，表现出其对人类活动的干扰与压力，具有不容忽视的特性。

整体性与有限性

环境的整体性指组成环境的各部分之间存在着紧密的相互联系、相互制约关系。局部地区的环境污染或破坏，总会对其他地区造成影响和危害。所以人类的生存环境及其保护，从整体上看是没有地区界线、省界和国界的。人与地球环境也是一个整体，地球的任何一部分，或任何一个系统，都是人类环境的组成部分。

环境的有限性有三方面的含义：①地球在宇宙中独一无二，而且其空间也有限，有人称其为“弱小的地球”；②人类和生物赖以生存的各种环境资源在质量、数量等方面，都是有一定限度的，不能无限供给，因而生物生产力通常都有一个大致的上限，也因此任何环境对外来干扰都是有一定忍耐极限，当外界干扰超过此极限时，环境系统就会退化，甚至崩溃，所以放牧不能超过草场的承载量，采伐森林、捕鱼、狩猎、采药都不能超过使资源永续利用的产量；③环境容纳污染物质的能力有限，或对污染物质的自净能力有限。

变动性和稳定性

环境的变动性是指在自然和人类活动的作用下，环境的内部结构和外在状态始终处于不断变化之中。这一点是不难被理解的，事实上人类社会的发展史就是人类与自然界不断相互作用的历史，也是环境的结构与状态不断变化的历史。环境的稳定性是指环境系统具有一定自动调节功能的特征，即在人类活动作用下，若环境结构所发生的变化不超过一定的限度，环境可以借助于自身的调节功能使其恢复到原来的状态。

环境的变动性与稳定性是相辅相成的，变动性是绝对的，稳定性是相对的。环境的这一特性表明人类活动会影响环境的变化，因此人类必须自觉地调控自己的活动方式和强度，不要超过环境自身调节功能的范围，以求得人类与自然环境协调相处。

显隐性与持续性

环境的显隐性指环境的结构和功能变化后，对人类和其他生物产生的后果，有时立即显现，如森林大火，农药进入水体会立即造成鱼类死亡等；而日常的环境污染与环境破坏对人们的影响，其后果的显现要有一个过程，需要经过一段时间，如日本汞污染引起的水俣病，需要经过20年时间才显现出来，又如温室效应也是人类长期向大气中排放温室气体和破坏植被造成的。

持续性是指环境变化所造成的后果是长期的、连续的。事实告诉人们，环境污染和破坏不但影响当代人的健康，而且还会造成世世代代的遗传隐患。DDT农药，虽然已经停止使用，但已进入生物圈和人体中的DDT，还得再经过几十年才能从生物体中彻底排除出去。历史上黄河流域生态环境的破坏，至今仍给炎黄子孙带来无尽的干旱灾害。

具有高度智能的人类，是干扰和调控环境的一个重要因素。历史的经验证明，人类的经济和社会发展，如果不违背环境的功能和特性，遵循客观的自然规律、经济规律和社会规律，那么人类就受益于自然界，人口、经济、社会和环境就协调发展；相反，环境质量恶化，生态环境破坏，自然资源枯竭，人类必然受到自然界的惩罚。为此，人们要正确掌握环境的组成和结构、环境的功能和环境的演变规律，消除各项工作中的主观性和片面性。

◎生态因子

构成环境的各要素称为环境因子。环境因子中一切对生物的生长、发育、生殖、行为和分布有直接或间接影响的因子则称生态因子。生态因子中生物生存不可缺少的因子称为生物的生存因子（或生存条件、生活条件）。所有的生态因子综合作用构成生物的生态环境。具体的生物个体或群体生活区域的生态环境与生物影响下的次生环境统称为生境。环境因子、生态因子、生存因子是既有联系，又有区别的概念。

各种生态因子在其性质、特性、作用强度和作用方式等方面各不相同，但各种因子之间相互结合、相互制约、相互影响，构成了丰富多彩的环境条件，为生物创造了不同的生活环境类型。根据生态因子的性质，通常可将生态因子归纳为五类：

（1）气候因子，如光、温、湿度、降水量和大气运动等因子。

（2）土壤因子，主要指土壤物理、化学性质、营养状况等，如土壤的深度、质地、母质、容重、孔隙度、pH 值、盐碱度及肥力等。

（3）地形因子，指地表特征，如地形起伏、海拔、山脉、坡度、坡向及高度等地貌特征。

（4）生物因子，指同种或异种生物之间的相互关系，如种群结构、密度、竞争、捕食、共生及寄生等。

（5）人为因子，指人类活动对生物和环境的影响。

有些学者根据有机体对生态因子的反应和适应性特点，将周期变动生态因子又分为第一性周期因素、次生性周期因素和非周期性因素。

第一性周期因素，是指由地球自转或公转及月相变化形成的光、温、潮汐的日、月、季节及年的周期性变化，由此进一步形成不同气候带，对生物种群分布起决定作用。生物的光温反应及对湿度的不同要求则是生物对这类因素的适应性反应。

次生性周期因素，取决于第一性周期因素，如太阳辐射和温度周期性变化导致大气湿度、降水量周期性变化。这类因素对一定区域内的生物种群数量增减有较大影响。

非周期性因素，指突发性或间断性出现的因素，如暴雨、山洪、冰雹、蝗灾、火山喷发、地震及地外物体撞击等突发性灾难，生物对这类因素很难形成适应性。最近的研究表明，自 6 亿年前出现动物以来，地球上曾发生了 6

次重大的生物灭绝事件，其中最大的一次是2.5亿年前，有一半海洋生物种类、三分之一陆生生物种类消亡。

生态因子生态作用一般有如下特征：

综合作用

环境中各种生态因子不是孤立存在的，每一个生态因子都在与其他因子的相互影响、相互制约中起作用，任何一个单因子的变化，都会在不同程度上引起其他因子的变化及其反作用。生态因子所发生的作用虽然有直接和间接作用、主要和次要作用、重要和不重要作用之分，但它们在一定条件下又可以互相转化。这是由于生物对某一个极限因子的耐受限度，会因其他因子的改变而改变，所以生态因子对生物的作用不是单一的，而是综合的。例如光强度的变化必然会引起大气和土壤温度和湿度的改变，这就是生态因子的综合作用。

主导因子作用（非等价性）

对生物起作用的诸多因子是非等价的，其中必有1~2个对生物起决定性作用的生态因子，称为主导因子。主导因子的改变常会引起许多其他生态因子发生明显变化或使生物的生长发育发生明显变化。例如，光合作用时，光强是主导因子，温度和二氧化碳为次要因子；春化作用时，温度为主导因子，湿度和通气条件是次要因子。又如，以土壤为主导因子，可将植物分成多种生态类型，有喜钙植物、嫌钙植物、盐生植物、沙生植物；以生物为主导

拓展阅读

海域湿地

湿地具有多样性，海域湿地是其多样性之一。它包含潮下海域和潮间海域。潮下海域指低潮时水深不足6米的永久性无植物生长的浅水水域，包括海湾和海峡；潮下水生植被层，包括各种海草和热带海洋草甸；珊瑚礁。潮间海域指多岩石的海滩，包括礁崖和岩滩；碎石海滩；潮间无植被的泥沙和盐碱滩；潮间有植被的沉积滩，包括大陆架上的红树林。

因子，表现在动物食性方面可分为草食动物、肉食动物、腐食动物、杂食动物等。

直接作用和间接作用

区分生态因子的直接作用和间接作用对认识生物的生长、发育、繁殖及分布都很重要。环境中的地形因子，其起伏程度、坡向、坡度、海拔高度及经纬度等对生物的作用不是直接的，但它们能影响光照、温度、雨水等因子的分布，因而对生物产生间接作用。这些地方的光照、温度、水分状况则对生物类型、生长和分布起直接作用。

限定性作用（阶段性作用）

生物在生长发育的不同阶段往往需要不同的生态因子或生态因子的不同强度，某一生态因子的有益作用常常只限于生物生长发育的某一特定阶段。因此，生态因子对生物的作用具有阶段性。这种阶段性是由生态环境的规律性变化所造成的。

不可代替性和补偿作用

生态因子虽非等价，但都不可缺少。一个因子的缺失不能由另一个因子来替代，尤其是作为主导作用的因子，如果缺少，便会影响生物的正常生长发育，甚至造成其生病或死亡。所以，从总体上说生态因子是不可代替的，但某一因子的数量不足，有时可以通过另一因子的加强而得到调剂和补偿。例如光照减弱所引起的光合作用下

你知道吗

我国环保事业的起步

我国的环境保护事业也是从 1972 年开始起步，北京市成立了官厅水库保护办公室，河北省成立了三废处理办公室，共同研究处理位于官厅水库畔，属于河北省的沙城农药厂污染官厅水库的问题，导致中国颁布法律正式规定在全国范围内禁止生产和使用 DDT。

1973 年成立国家建委下设的环境保护办公室，后来改为由国务院直属的部级国家环境保护总局。在 2008 年“两会”后，环保总局升格为“环保部”。并对全国的环境保护实施统一的监督管理。

降，可靠二氧化碳浓度的增加得到补偿；锶大量存在时可减少钙不足对动物造成的有害影响。

但生态因子的补偿作用只能在一定范围内做部分补偿，而不能以一个因子代替另一个因子，且因子之间的补偿作用也不是经常存在的。

生物与光

光是地球上所有生物得以生存和繁衍的最基本的能量源泉，地球上生物生活所必需的全部能量都直接或间接地源于太阳光。生态系统内部的平衡状态是建立在能量基础上的，绿色植物的光合系统是太阳能以化学能的形式进入生态系统的唯一通路，也是食物链的起点。光本身又是一个十分复杂的环境因子，太阳辐射的强度、质量及其周期性变化对生物的生长发育和地理分布都产生着深远的影响，而生物本身对这些变化的光因子也有着极其多样的反应。

阳光普照下的大地

光是由波长范围很广的电磁波组成的，主要波长范围是 150 ~ 4000 纳米，其中人眼可见光的波长在 380 ~ 760 纳米。可见光谱中根据波长的不同又可分为红、橙、黄、绿、青、蓝、紫 7 种颜色的光。波长小于 380 纳米的是紫外光，波长大于 760 纳米的是红外光，红外光和紫外光都是不可见光。在全部太阳辐射中，红外光占 50% ~60%，紫外光约占 1%，其余的是可见光部分。由于波长越长，增热效应越大，所以红外光可以产生大量的热，地表热量基本上就是由红外光能所产生的。紫外光对生物和人有杀伤和致癌的作用，但它在穿过大气层时，波长短于 290 纳米的部分将被臭氧层中的臭氧吸收，只有波长在 290 ~ 380 纳米的紫外光才能到达地球表面。在高山和高原地区，紫外光的作用比较强烈。可见光具有最大的生态学意义，因为只有可见光才能在光合作用中被植物所利用并转化为化学能。植物的叶绿素是绿色的，它主要吸收红光和蓝光，所以在可见光谱中，波长为760～620纳米的红光和波长为490～435纳米的蓝光对光合作用最为重要。

光质（光谱成分）随空间发生变化的一般规律是短波光随纬度增加而减少，随海拔升高而增加。在时间变化上，冬季长波光增加，夏季短波光增加；一天之内中午短波光较多，早晚长波光较多。不同波长的光对生物有不同的作用，植物叶片对太阳辐射的吸收、反射和透射的程度直接与波长有关。

当太阳辐射穿透森林生态系统时，大部分能量被树冠层截留，到达下层的太阳辐射不仅强度大大减弱，而且红光和蓝光也所剩不多，所以生活在那里的植物必须对低辐射能环境有较好的适应。

微亮的海洋深处

光以同样的强度照射到水体表面和陆地表面。在水体中，水对光有很强的吸收和散射作用，这种情况限制了海洋透光带的深度。在纯海水中，10米深处的光强度只有海洋表面光强度的50%，而在100米深处，光强度则衰减到只及海洋表面强度的7%（均指可见光部分）。更值得注意的是，不同波长的光被海水吸收的程度是不一样的。红外光仅在几米深处就会被完全吸收，而紫色和蓝色等短波光则很容易被水分子散射，也不能射入到很深的海水中，结果在较深的水中只有绿色光占较大优势。植物的光合作用色素对光谱的这种变化具有明显的适应性。分布在海水表层的植物，如绿藻海白菜，所含有的色素与陆生植物所含有的色素很相似，主要是吸收蓝、红光，但是分布在深水中的红藻紫菜，则能通过另一些色素有效地利用绿光。

能够穿过大气层到达地球表面的紫外光虽然很少，但在高山地带紫外光的生态作用很明显。由于紫外光抑制了植物茎的伸长，很多高山植物具有特殊的莲座状叶丛。强烈的紫外线辐射不利于植物克服高山障碍进行散布，因此它是决定很多植物垂直分布上限的因素之一。

色觉在不同动物类群中的分布也很有趣。在节肢动物、鱼类、鸟类和哺乳动物中，有些物种色觉很发达，另一些则完全没有色觉。在哺乳动物中，只有灵长类动物才具有发达的色觉。

光照强度在赤道地区最大，随纬度的增加而逐渐减弱。例如在低纬度的热带荒漠地区，年光照强度为 8.37×10^5 焦/平方厘米以上。而在高纬度的北极地区，年光照强度不会超过 2.93×10^5 焦/平方厘米。位于中纬地区的我国华南地区，年光照强度大约是 5.02×10^5 焦/平方厘米。光照强度还随海拔高度的增加而增强，例如在海拔 1000 米可获得全部入射日光能的 70%，而在海拔 0 米的海平面却只能获得 50%。此外，山的坡向和坡度对光照强度也有很大的影响。在北半球的温带地区，山的南坡所接受的光照比平地多，而平地所接受的光照又比北坡多。随着纬度的增加，在南坡上获得最大年光照量的坡度也随之增大，但在北坡无论什么纬度都是坡度越小光照强度越大。较高纬度的南坡可比较低纬度的北坡得到更多的日光能，因此南方的喜热作物可以移栽到北方的南坡上生长。在一年中，夏季光照强度最大，冬季最小；在一天中，中午的光照强度最大，早晚的光照强度最小。分布在不同地区的生物长期生活在具有一定光照条件的环境中，久而久之就会形成各自独特的生态学特性和发育特点，并对光照条件产生特定的要求。

光照强度在一个生态系统内部也有变化。一般来说，光照强度在生态系统内部将会自上而下逐渐减弱，由于冠层吸收了大量日光能，使下层植物对日光能的利用受到了限制，所以一个生态系统的垂直分层现象既决定于群落本身，也决定于所接受的日光能总量。

在水生生态系统中，光照强度将随水深的增加而迅速递减。水对光的吸收和反射是很有效的，在清澈静止的水体中，照射到水体表面的光大约只有 50% 能够到达 15 米深处；如果水是流动和浑浊的，能够到达这一深度的光量就要少得多，这对水中植物的光合作用是一种很大的限制。

光照强度与水生植物光的穿透性限制着植物在海洋中的分布，只有在海洋表层的透光带内，植物的光合作用量才能大于呼吸量。在透光带的下部，植物的光合作用量刚好与植物的呼吸消耗量相平衡之处。如果海洋中的浮游藻类沉降到此点以下或者被洋流携带到此点以下而又不能很快回升到表层时，这些藻类便会死亡。在一些特别清澈的海水和湖水中（特别是在热带海洋），此点可以深达几百米，但这是很少见的。在浮游植物密度很大的水体或含有大量泥沙颗粒的水体中，透光带可能只限于水面下 1 米处，而在一些受到污染的河流中，水面下几厘米处就很难有光线透入了。

由于植物需要阳光，所以扎根海底的巨型藻类通常只能出现在大陆沿岸附近，这里的海水深度一般不会超过 100 米。生活在开阔大洋和沿岸透光带中的植物主要是单细胞的浮游植物。以浮游植物为食的小型浮游动物也主要分布在这里，因为这里的食物极为丰富。但是动物的分布并不局限在水体的上层，甚至在几千米以下的深海中也生活着各种各样的动物，这些动物靠海洋表层生物死亡后沉降下来的残体为生。

接受一定量的光照是植物获得净生产量的必要条件，因为植物必须生产足够的糖类以弥补呼吸消耗。当影响植物光合作用和呼吸作用的其他生态因子都保持恒定时，生产和呼吸这两个过程之间的平衡就主要决定于光照强度了。光合作用将随着光照强度的增加而增加，直至达到最大值。

光照强度在光补偿点（即植物的光合作用与植物的呼吸消耗量相平衡之处）下，植物的呼吸消耗大于光合作用，因此不能积累干物质；在光补偿点处，光合作用固定的有机物质刚好与呼吸消耗相等；在光补偿点以上，随着光照强度的增加，光合作用强度逐渐提高并超过呼吸强度，于是在植物体内开始积累干物质；但当光照强度达到一定水平后，光合产物也就不再增加或增加得很少，该处的光照强度就是光饱和点。各种植物的光饱和点也不相同，阴地植物比阳地植物能更好地利用弱光。它们在极低的光照强度下便能达到光饱和点，而阳地植物的光饱和点则要高得多。在植物生长发育的不同阶段，光饱和点也不相同，一般在苗期和生育后期光饱和点低，而在生长盛期光饱和点高。几乎所有的农作物都具有很高的光饱和点，即只有在强光下才能进行正常的生长发育。

一般说来，植物个体对光能的利用效率远不如群体高，夏季当阳光最强时，单株植物很难充分利用这些光能，但在植物群体中对反射、散射和透射光的利用要充分得多。这是因为在群体中当上部的叶片已达到饱和点时，群体内部和下部的叶片还远没有达到光饱和状态，有的甚至还处在光补偿点以下，所以植物群体的光合作用是随着光照的不断增强而提高的，尽管有些叶片可能已超过了光饱和点。例如，水稻单叶的光饱和点要比晴天时的最强光照低得多，但水稻群体的光合作用却随着光照强度的增强而增加。

植物的光合作用

对植物群体的总光能利用率产生影响的主要因素是光合面积、光合时间和光合能力。光合面积主要指叶面积，通常用叶面积指数来表示，即植物叶面积总和与植株所覆盖的土地面积的比值。要提高植物群体的光能利用率，首先要保证有足够的叶面积以截留更多的日光能。在一定范围内，叶面积指数与光能利用率和植物生产量成正相关，但并不意味着叶面积指数越大越好。农作物的最适叶面积指数一般是4，其中小麦为6~8.8，水稻为4~7，玉米为5，大豆为3.2。光合时间是指植物全年进行光合作用的时间。光合时间越长，植物体内就能积累更多的有机物质并增加产量。延长光合时间主要是靠延长叶片的寿命和适当延长植物的生长期。光合能力是指大气中 CO_2 含量正常和其他生态因子处于最适状态时的植物最大净光合作用速率。光合能力是以每天每平方米叶面积所生产的有机物质干重来计算的［克/（平方米·天)］。一般说来，个体的光合能力与群体的产量成正相关，而群体的光合能力则决定于叶层结构和光的分布情况。

另外，光还是影响动物行为的重要生态因子，很多动物的活动都与光照强度有着密切的关系。有些动物适应于在白天的强光下活动，如大多数鸟类、哺乳动物中的灵长类、有蹄类、松鼠、旱獭和黄鼠，爬行动物中的蜥蜴和昆虫中的蝶类、蝇类和虻类等，这些动物被称为昼行性动物。另一些动物则适应于在夜晚或晨昏的弱光下活动，如夜猴、蝙蝠、家鼠、夜鹰、壁虎和蛾类等，这些动物被称为夜行性动物或晨昏性动物，因其只适应于在狭小的光照范围内活动，所以又称为狭光性种类。昼行性动物所能耐受的日照范围较广，故又称为广光性种类。还有一些动物既能适应于弱光也能适应于强光，它们白天黑夜都能活动，常不分昼夜地表现出活动与休息的不断交替，如很多种类的田鼠，也属于广光性种类。土壤和洞穴中的动物几乎总是生活在完全黑暗的环境中并极力躲避光照，因为光对它们就意味着致命的干燥和高温。幼鳗的溯河性洄游则是选择在白天进行，一到夜间便停止洄游并躲藏起来。蝗虫的群体迁飞也是发生在日光充足的白天，如果乌云遮住了太阳使天色变暗，它们马上就会停止飞行。

在自然条件下动物每天开始活动的时间常常是由光照强度决定的。当光照强度上升到一定水平（昼行性动物）或下降到一定水平（夜行性动物）时，它们才开始一天的活动，因此这些动物将随着每天日出日落时间的季节性变化而改变其开始活动的时间。例如夜行性的美洲飞鼠，冬季每天开始活动的时间大约是 16 时 30 分，而夏季每天开始活动的时间将推迟到大约 19 时 30 分。昼行性的鸟类每天开始活动的时间也是随季节而变化的，例如麻雀在上海郊区（晴天）每天开始鸣啭的时间，3 月 15 日为 5 时 45 分左右，6 月 15 日为 4 时 20 分左右，9 月 15 日为 5 时 18 分左右，12 月 15 日为 6 时 20 分左右。这说明光照强度与动物的活动有着直接的关系。

白昼的持续时数或太阳的可照时数称为日照长度。在北半球从春分到秋分是昼长夜短，夏至昼最长；从秋分到春分是昼短夜长，冬至夜最长。在赤道附近，终年昼夜平分。纬度越高，夏半年（春分到秋分）昼越长而冬半年（秋分至春分）昼越短。在两极地区则半年是白天，半年是黑夜。由于我国位于北半球，所以夏季的日照时间总是多于 12 小时，而冬季的日照时间总是少于 12 小时。随着纬度的增加，夏季的日照长度也逐渐增加，而冬季的日照长度则逐渐缩短。高纬度地区的作物虽然生长期很短，但在生长季节内每天的日照时间很长，所以我国北方的作物仍然可以正常地开花结实。

蝙　蝠

日照长度的变化对动植物都有重要的生态作用，由于分布在地球各地的动植物长期生活在具有一定昼夜变化格局的环境中，借助于自然选择和进化而形成了各类生物所特有的对日照长度变化的反应方式，这就是在生物中普遍存在的光周期现象。例如植物在一定光照条件下的开花、落叶和休眠，以及动物的迁移、生殖、冬眠、筑巢和换毛换羽等。

根据植物对日照长度的反应可以将植物分为长日照植物、短日照植物和中日照植物。

长日照植物的原产地在长日照地区，即北半球高纬度地带，如我国的北方。长日照植物在生长过程中，需要在发育的某一阶段要求每天有较长的光照时数，即日照必需大于某一时数（这个时间称为临界光期）；或者说暗期短于某一时段才能形成花芽。长日照时间越长，开花时间越早。例如北方体系的植物，大麦、小麦、油菜、菠菜、甜菜、甘蓝、萝卜以及牛蒡、紫菀、凤仙花等都属于长日照植物。它们的开花期通常是在全年光照最长的季节里，如果人工施光，延长光照时间，就可使其提前开花；如果光照时数不足，它们将停留在营养生长阶段，不能开花。

与长日照植物相反，要求光照短于临界光期才能开花的植物称为短日照植物。暗期越长开花越早。这种植物在长日照下是不会开花的，只能进行营养生长。我国南方体系的植物，如水稻、大豆、玉米、棉花、烟草、向日葵、菊芋均属于短日照植物。它们多在深秋或早春开花，人工缩短其日照时数，则可提前开花。

中日照植物要求日照与暗期各半的日照长度才能开花。甘蔗是中日照植物的代表，要每天 12.5 小时的日照，否则不能开花。

自然界的现象也不一定绝对严格，还有一些植物，对日照长短的要求并不严格，只要其他条件合适，在不同的日照长度下都能开花。如蒲公英、番茄、黄瓜、四季豆等，就是中间类型日照的植物。

菊花是短日照植物

了解植物的光周期现象对植物的引种驯化工作非常重要，引种前必须特别注意植物开花对光周期的需要。在园艺工作中也常利用光周期现象人为控制开花时间，以便满足观赏需要。

在脊椎动物中，鸟类的光周期现象最为明显，很多鸟类的迁移都是由日照长短的变化所引起。由于日照长短的变化是地球上最严格和最稳定的周期变化，所以是生物节律最可靠的信号系统。鸟类在不同年份迁离某地和到达某地的时间都不会相差几日，如此严格的迁飞节律是任何其他因素（如温度的变化、食物的缺乏等）都不能解释的，因为这些因素各年相差很大。同样，各种鸟类每年开始生殖的时间也是由日照长度的变化决定的。温带鸟类的生殖腺一般都在冬季时最小，处于非生殖状态，随着春季的到来，生殖腺开始发育，随着日照长度的增加，生殖腺的发育越来越快，直到产卵时生殖腺才达到最大。

鸟类

生殖期过后，生殖腺便开始萎缩，直到来年春季才再次发育。鸟类生殖腺的这种周期发育是与日照长度的周期变化完全吻合的。在鸟类生殖期间人为改变光周期可以控制鸟类的产卵量，人为夜晚给予人工光照提高母鸡产蛋量的历史已有200多年了。

知识小链接

湿地广布种

湿地中有分布广泛的广布种。广布种指普遍分布于世界，或几乎遍布世界的种。广布种主要属于淡水水生植物、盐生植物和伴生植物。前两大类多属于湿生植物，如挺水植物芦苇、宽叶香蒲、狭叶香蒲，浮生植物如浮萍（有15种），沉水植物如蓖齿眼子菜、菹草、金鱼藻、轮叶狐尾藻、大茨藻、角茨藻、轮叶黑藻，沼生植物如莎草、藨草、灯心草等，均为世界广布种。

日照长度的变化对哺乳动物的生殖和换毛也具有十分明显的影响。很多野生哺乳动物（特别是生活在高纬度地区的种类）都是随着春天日照长度的逐渐增长而开始生殖的，如雪貂、野兔和刺猬等，这些种类可称为长日照兽类。还有一些哺乳动物总是随着秋天短日照的到来而进入生殖期，如绵羊、山羊和鹿，这些种类属于短日照兽类。它们在秋季交配刚好能使它们的幼仔在春天条件最有利时出生。随着日照长度的逐渐增加，它们的生殖活动也渐趋终止。实验表明，雪兔换毛也完全是对秋季日照长度逐渐缩短的一种生理反应。

鱼类的生殖和迁移活动也与光有着密切的关系，而且也常表现出光周期现象，特别是那些生活在光照充足的表层水的鱼类。实验证实，光可以影响鱼类的生殖器官，认为延长光照时间可以提高鲑鱼的生殖能力，这一点已在养鲑鱼实践中得到了应用。日照长度的变化通过影响内分泌系统而影响鱼类的洄游。例如，光周期决定着三刺鱼体内激素的变化，激素的变化又影响着三刺鱼对水体含盐量的选择，后者则是促使三刺鱼春季从海洋迁入淡水和秋季从淡水迁回海洋的直接原因，归根结底三刺鱼的迁移活动还是由日照长度的变化引起的。

昆虫的冬眠和滞育主要与光周期的变化有关，但温度、湿度和食物也有一定的影响。例如秋季的短日照是诱发马铃薯甲虫在土壤中冬眠的主要因素，而玉米螟（老熟幼虫）和梨剑纹夜蛾（蛹）的滞育率则决定于每日的日照时数，同时也与温度有一定关系。

太阳紫外光辐射虽然对地球上的生物有致癌和杀伤作用，但其大部分将被大气平流层中的臭氧所吸收。紫外光可区分为两种类型，波长范围从 315 ~ 380 纳米的紫外光属于 UV – A，而波长范围从 280 ~ 350 纳米的紫外光属于 UV – B。太阳 UV – B 辐射从热带地区（臭氧层最薄）到两极地区（臭氧层最厚）随着纬度的增加而减弱。海拔高度越高，UV – B 辐射越强，大约每升高 1000 米增强 14% ~18%。近年来，由于破坏臭氧的一些人造化合物（如含氯氟烃）的大量释放，已使平流层的臭氧量减少，这对两极地区和热带地区的影响最大，使到达地球表面的紫外线辐射增加，尤其是UV – B辐射。

UV – B 辐射强度的增加对动物的影响比对植物的影响更大。光色素生物尤其敏感，特别是人类，因为紫外光最容易诱发人患皮肤癌。在美国 70% 的皮肤癌是由紫外光辐射引起的，在世界的大部分地区皮肤癌的患病率都有所增加。据估计，平流层的臭氧每减少 1%，由 UV – B 辐射引起的皮肤癌就会增加 1.4%。

紫外线辐射的增加也会对植物产生影响，在实验室和温室中所做的实验表明：UV – B 辐射可使 DNA 受到损伤、抑制植物的光合作用、改变植物的生长型和减缓植物的生长。但是这些有害作用还未用野生植物加以阐明。

植物通过进化对 UV – B 辐射已经产生了一系列的防护适应，使 UV – B 辐射不能进入叶的内部。防止 UV – B 辐射进入叶内的主要障碍是叶的表层细胞，它们含有某些能吸收 UV – B 辐射的物质，但能确保有光合作用活性的辐射进入叶内。

趣味点击　木材最轻的树

生长在美洲热带森林里的轻木，也叫巴沙木，是生长最快的树木之一，也是世界上最轻的木材。这种树四季常青，树干高大。叶子像梧桐，五片黄白色的花瓣像芙蓉花，果实裂开像棉花。中国台湾南部早就引种。1960 年起，在广东、福建等地也都广泛栽培，并且长得很好。

轻木的木材，每立方厘米只有0.1 克重，是同体积水的重量的$\frac{1}{10}$。我们做火柴棒用的白杨还要比它重 3 倍半。它的木材质地虽轻，可是结构却很牢固，因此，是航空、航海以及其他特种工艺的宝贵材料。当地的居民早就用它做木筏，往来于岛屿之间。中国用它做保温瓶的瓶塞。

植物在防护 UV - B 辐射能力方面存在着广泛差异，热带植物和高山植物由于受紫外线辐射比较强烈，因此它们对 UV - B 辐射的防护比温带植物和低海拔植物更为有效。

生物与温度

太阳辐射使地表受热，产生气温、水温和土温的变化，温度因子和光因子一样存在周期性变化，称节律性变温。不仅节律性变温对生物有影响，而且极端温度对生物的生长发育也有十分重要的意义。

温度是一种无时无处不在起作用的重要生态因子，任何生物都是生活在具有一定温度的外界环境中并受着温度变化的影响。地球表面的温度条件总是在不断变化的。在空间上它随纬度、海拔高度、生态系统的垂直高度和各种小生境而变化；在时间上它有一年的四季变化和一天的昼夜变化。温度的这些变化都能给生物带来多方面和深刻的影响。

首先，生物体内的生物化学过程必须在一定的温度范围内才能正常进行。一般说来，生物体内的生理生化反应会随着温度的升高而加快，从而加快生长发育速度；生化反应也会随着温度的下降而变缓，从而减慢生长发育的速度。当环境温度高于或低于生物多能忍受的温度范围时，生物的生长发育就会受阻，甚至造成生物死亡。虽然生物只能生活在一定的温度范围内，但不同的生物和同一生物的不同发育阶段所能忍受的温度范围却有很大不同。生物对温度的适应范围是它们长期在一定温度下生活所形成的生理适应。除了鸟类和哺乳动物是恒温动物，其体温相当稳定而受环境温度变化的影响很小以外，其他所有生物都是变温的，其体温总是随着外界温度的变化而变化，所以如无其他特殊适应能力。在一般情况下它们都不能忍受冰点以下的低温，这是因为细胞中冰晶会使蛋白质的结构受到致命的损伤。

温度与生物发育的关系比较集中地反映在温度对植物和变温动物（特别是昆虫）发育速率上，即反映在有效积温法则上。

有效积温法则是指在生物的生长发育过程中，必须从环境中摄取一定的热量才能完成某一阶段的发育。而且各个阶段所需要的总热量是一个常数，

可以用如下公式表示：

$$K = N \cdot (T - T_0)$$

K——该生物发育所需要的有效积温，它是一个常数；

T——当地该时期的平均温度，℃；

T_0——该生物生长发育所需的最低临界温度（发育起点温度或生物学零度）；

N——生长发育所经历的时间，天。

如地中海果蝇在26℃下，20天内完成生长发育，而在19.5℃下则需要41.7天。由此可以计算出K=250天·摄氏度。

有效积温法则在农业生产上有很重要的意义，全年的农作物茬口必须根据当地的平均气温和每一样作物的有效积温来安排。该法则还可以用于预测害虫发生的时代数和来年发生程度。

温度对生物的生态意义还在于温度的变化能引起环境中其他生态因子的改变，如引起湿度、降水、风、氧在水中的溶解度识及食物和其他生物的活动和行为的改变等，这是温度对生物的间接影响，这些影响通常也很重要，不可忽视。不过有时很难孤立地去分析温度对生物的作用，例如当光能被物体吸收的时候常常被转化为热能使温度升高。此外，温度还经常与光和湿度联合起作用，共同影响生物的各种功能。

◎ 低温对生物的影响及生物对低温环境的适应

低温对生物的影响 温度低于一定的数值，生物便会因低温而受害，这个数值称为临界温度。在临界温度以下，温度越低生物受害越重。低温对生物的伤害可分为冷害、霜害和冻害三种。冷害是指喜温生物在0℃以上的温度条件下受害或死亡，例如海南岛的热带植物丁子香在气温降至6.1℃时叶片便受害，降至3.4℃时顶梢干枯，受害严重。当温度从25℃降到5℃时，金鸡纳就会因酶系统紊乱使过氧化氢在体内积累而引起植物中毒。热带鱼，如魟鳉，在水温10℃时就会死亡，原因是呼吸中枢受到冷抑制而缺氧。冷害是喜温生物向北方引种和扩展分布区的主要障碍。

冻害是指冰点以下的低温使生物体内（细胞内和细胞间隙）形成冰

晶而造成的损害。冰晶的形成会使原生质膜发生破裂和使蛋白质失活与变性。当温度不低于 -3℃或 -4℃时，植物受害主要是由于细胞膜破裂引起的；当温度下降到 -8℃或 -10℃时，植物受害则主要是由于生理干燥和水化层的破坏引起的。动物对低温的耐受极限（即临界温度）随种而异，少数动物能够耐受一定程度的身体冻结，这是动物避免低温伤害的一种适应方式，例如摇蚊在 -25℃的低温下可以经受多次冻结而能保存生命。一些潮间带动物在 -30℃的低温下暴露数小时后，虽然体内 90% 的水都结了冰，但冰晶一般只出现在细胞外面，当冰晶融化后又能恢复正常状态。动物避免低温伤害的另一种适应方式是存在过冷现象，这种现象最早是在昆虫中发现的。当昆虫体温下降到冰点以下时，体液并不结冰，而是处于过冷状态，此时出现暂时的冷昏迷但并不出现生理失调，如果环境温度回升，昆虫仍可恢复正常活动。当温度继续下降到过冷点（临界点）时体液才开始结冰，但在结冰过程中释放出的潜热又会使昆虫体温回跳，当潜热完全耗尽后体温又开始下降，此时体液才开始结冰，昆虫才会死亡。昆虫的过冷点依昆虫的种类、虫态、生活环境和内部生理状态而有所不同。小叶蜂越冬时过冷到 -25℃、-30℃而不死亡，并且还可借助于分泌甘油使体液冰点进一步下降。小茧蜂体内的甘油浓度在冬季可达到 30%，可使体液冰点下降到 -17.5℃，甚至可过冷到 -47.7℃还不结冰。

生物对低温环境的适应　长期生活在低温环境中的生物通过自然选择，在形态、生理和行为方面表现出很多明显的适应。在形态方面，北极和高山植物的芽和叶片常受到油脂类物质的保护，芽具鳞片，植物体表面生有蜡粉和密毛，植物矮小并常成匍匐状、垫状或莲座状等，这种形态有利于保持较高的温度，减轻严寒的影响。生活在高纬度地区的恒温动物，其身体往往比生活在低纬度地区的同类个体大，因为个体大的动物，其单位体重散热量相对较少，这就是 Bergman 规律。另外，恒温动物身体的突出部分，如四肢、尾巴和外耳等，在低温环境中有变小变短的趋势，这也是减少散热的一种形态适应。这一适应常被称为 Allen 规律，例如北极狐、赤狐、非洲大耳狐的耳壳的大小变化。恒温动物的另一形态适应是在寒冷地区和寒冷季节增加毛和羽毛的数量和质量或增加皮下脂肪的厚度，从而提高身体的隔热性能。

北极狐、赤狐、非洲大耳狐

在生理方面，生活在低温环境中的植物常通过减少细胞中的水分和增加细胞中的糖类、脂肪和色素等物质来降低植物的冰点，增加抗寒能力。例如鹿蹄草就是通过在叶细胞中大量贮存五碳糖、黏液等物质来降低冰点，这可使其结冰温度下降到 -31℃。此外，极地和高山植物在可见光谱中的吸收带较宽，并能吸收更多的红外线，虎耳草和十大功劳等植物的叶片在冬季时由于叶绿素破坏和其他色素增加而变为红色，有利于吸收更多的热量。动物则靠增加体内产热量来增加御寒能力和保持恒定的体温，但寒带动物由于有隔热性能良好的毛皮，往往能使其在少增加甚至不增加（北极狐）代谢产热的情况下就能保持恒定的体温。

◎ 高温对生物的影响及生物对高温环境的适应

高温对生物的影响 温度超过生物适宜温区的上限后就会对生物产生有害影响，温度越高对生物的伤害作用越大。高温可减弱光合作用，增强呼吸作用，使植物的这两个重要过程失调。例如，马铃薯在温度达到40℃时，光合作用等于零，而呼吸作用在温度达到50℃以前一直随温度的上升而增强，但这种状况只能维持很短的时间。高温还会破坏植物的水分平衡，加速生长发育，促使蛋白质凝固和导致有害代谢产物在体内的积累。高温对动物的有害影响主要是破坏酶的活性，使蛋白质凝固变性，造成缺氧、排泄功能失调和神经系统麻痹等。

马尾松

水稻开花期间如遇高温就会使受精过程受到严重伤害，因为高温可伤害雄性器官，使花粉不能在柱头上发育。日平均温度30℃持续5d就会使空粒率增加

20%以上。在38℃的恒温条件下，水稻的实粒率下降为零，几乎是颗粒无收。

动物对高温的忍受能力依种类而异。哺乳动物一般都不能忍受42℃以上的高温；鸟类体温比哺乳动物高，但也不能忍受48℃以上的高温。多数昆虫、蜘蛛和爬行动物都能忍受45℃以下的高温，温度再高就有可能引起死亡。例如家蝇在6℃时开始活动，28℃以前活动一直增加，到大约45℃时活动中止，当温度达到46.5℃左右时便会死亡。虽然生活在温泉中的斑鳝能忍受52℃或更高的水温，但目前除滩涂、火山口群落的动物以外，还没有发现一种动物能在50℃以上的环境中完成其整个的生活史。

知识小链接

生物多样性的减少

由于城市化、农业发展、森林减少和环境污染，自然区域变得越来越小了，这就导致了物种的灭绝。因为一些物种的绝迹会导致许多可被用于制造新药品的分子归于消失，还会导致许多能有助于农作物战胜恶劣气候的基因归于消失，甚至会引起瘟疫。

生物多样性的意义主要体现在生物多样性的价值。对于人类来说，生物多样性具有直接使用价值、间接使用价值和潜在使用价值。

生物对高温环境的适应　生物对高温环境的适应也表现在形态、生理和行为三个方面。就植物来说，有些植物生有密茸毛和鳞片，能过滤一部分阳光；有些植物体呈白色、银白色，叶片革质发亮，能反射一大部分阳光，使植物体免受热伤害；有些植物叶片垂直排列使叶缘向光或在高温条件下叶片折叠，减少光的吸收面积；还有些植物的树干和根茎生有很厚的木栓层，具有绝热和保护作用。植物对高温的生理适应主要是降低细胞含水量，增加糖或盐的浓度，这有利于减缓代谢速率和增加原生质的抗凝结力。另外是靠旺盛的蒸腾作用避免使植物体因过热受害。还有一些植物具有反射红外线的能力，夏季反射的红外线比冬季多，这也是避免使植物体受到高温伤害的一种适应。

动物对高温环境的一个重要适应就是适当放松恒温性，使体温有较大的变幅，这样在高温炎热的时刻身体就能暂时吸收和贮存大量的热并使体温升高，而后在环境条件改善时或躲到阴凉处时再把体内的热量释放出去，体温也会随之下降。沙漠中的啮齿动物对高温环境常常采取行为上的适应对策，即夏眠、穴居和白天躲入洞内夜晚出来活动。有些黄鼠不仅在冬季进行冬眠，还要在炎热干旱的夏季进行夏眠。昼伏夜出是躲避高温的有效行为适应，因为夜晚湿度大、温度低，可大大减少蒸发散热失水，特别是在地下巢穴中。这就是所谓“夜出加穴居”的适应对策。

每一种生物都有自己固定的温度适应幅度。不过，有的能在较宽的温度范围内生活，例如马尾松、白桦、栓皮栎、蟾蜍、美洲狮、亚洲虎、甲壳虫等能在 -5℃ ~55℃的范围内生活，成为广温动物，或广温种；有的只能在很窄的范围内生活，不能适应温度的波动，成为窄温动物，如雪球藻、雪衣藻、真涡虫等，只能生活在冰点温度范围内，属于窄温好冷种；有一种菊科植物、某些蓝绿藻、多种昆虫，属于窄温好热种。另一些喜温植物，如椰子、可可等只能生活在热带。

温度因子对植物在地球上的分布是起决定性作用的。年平均温度达24℃ ~30℃，最冷月平均温度在 18℃以上者属于热带雨林气候，这里是橡胶、可可、咖啡、金鸡纳等热带植物的家乡。冬季温暖、夏季炎热，最冷月平均在 2℃以上，属于亚热带森林气候，这里是柑橘、马尾松、樟木和毛竹的家乡。1 月平均气温在 -20℃以下，7 月平均气温在 20℃ ~25℃，属于温带季风气候，这里是落叶树白杨、栎、桃、李、

广角镜

湿地生物的多样性

湿地最富有生物的多样性，仅我国有记载的湿地植物就有 2760 余种，其中湿地高等植物 156 科、437 属、1380 多种。湿地植物从生长环境看，可分为水生、沼生、湿生三类；从植物生活类型看，有挺水型、浮叶型、沉水型和漂浮型等；从植物种类看，有的是细弱小草，有的是粗大草本，有的是矮小灌木，有的是高大乔木。

湿地动物的种类也异常丰富，我国已记录到的湿地动物有 1500 种左右（不含昆虫、无脊椎动物、真菌和微生物），其中水鸟大约 250 种，鱼类约 1040 种。鱼类中淡水鱼有 500 种左右，占世界上淡水鱼类总数的 80% 以上。因此，无论从经济学还是生态学的观点看，湿地都是最具有价值和生产力最高的生态系统。

梨和苹果的故乡。7 月平均气温一般在 10℃～12℃以上，年平均气温在 0℃左右，属于寒温带针叶林气候，东北红松林的家乡就在这里。最热月平均气温不超过 10℃～12℃，但高于 0℃者属于寒带苔原气候，这里是苔原的天下，生物种类稀少，都不大乐意在这里安家落户，只有某几种地衣和一些散生的灌木。

你知道吗

地球的公转

地球是太阳系从内到外的第三颗行星，也是太阳系中直径、质量和密度最大的类地行星。它也经常被称作世界。英语的地球 Earth 一词来自于古英语及日耳曼语。地球已有 44 亿～46 亿岁。地球以近 24 小时的周期自转并且以一年的周期绕太阳公转。

生物长期适应于一年中温度的寒暑节律性变化，形成与此相适应的生物发育节律称为物候。

大多数植物在春天温度回升时，开始发芽、现蕾、生长；夏秋气温较高时，植物开花、结实；秋末转入低温，于是植物落叶，进入休眠。植物的物候期直接与温度相关，每一物候期需要有一定的热量，它像气象站一样，植物发育的某一阶段，便预报了当时的气候状况。如杨柳绿表示春来了，枫叶红表示秋天到，秋风扫落叶则表示冬天即将来临。温度决定了植物的生长，而植物的生长发育又反映了环境的温度状况。

自古就有“三月榆荚时，可种禾”的记载，说的是榆树结荚的时候，就该种禾类植物了。我国华北地区有“枣发芽，种棉花”；四川种小麦有“过了九月九，下种要跟菊花走”等。上述枣、菊就是棉花、小麦播种期的指示植物。例如，“迎春花开，杨柳吐絮，小地老虎成虫出现；桃花一片红，发蛾到高峰；榆钱落，幼虫多；花椒发芽，棉蚜孵化；五月鲜桃发红，赶快诱杀棉铃虫”，等等。利用物候防虫治虫，是传统的好经验。

生物与水

地球素有“水的行星”之称，地球表面约有 70% 以上被水所覆盖。“水是生命之源”，水对生物的重要性应先从水的生态意义说起。

首先，水是任何生物都不可缺少的重要组成成分，生物体的含水量一般为60%～80%，有些生物可达90%以上（如水母、蝌蚪等），从这个意义上说，没有水就没有生命。其次，生物的一切代谢活动都必须以水为介质，生物体内营养的运输、废物的排除、激素的传递以及生命赖以存在的各种生物化学过程，都必须在水溶液中才能进行，而所有物质也都必须以溶解状态才能出入细胞，所以在生物体和它们的环境之间时时刻刻都在进行着水交换。

各种生物之所以能够生存至今，都有赖于水的一种特性，即在3.98℃时密度最大。水的这一种特殊性质使任何水体都不会同时全部冻结，当水温降到3.98℃以下时，冷水总是在水体的表层而暖水在底层，因此结冰过程总是从上到下进行的，这对历史上的冰河时期和现今寒冷地区生物的生存和延续来说是至关重要的。此外，水的比热容很大，而且吸热和放热是一个缓慢的过程，因此水体温度不像大气温度那样变化剧烈，也较少受气温波动的影响，这样，水就为生物创造了一个非常稳定的温度环境。

生物起源于水环境，生物进化90%的时间都是在海洋中进行的。生物登陆后所面临的主要问题是如何减少水分蒸发和保持体内的水分平衡。至今，完全适应在干燥陆地生活的只有像高等植物、昆虫、爬行动物、鸟类和哺乳动物这样一些生物，因为它们的表皮和皮肤基本是干燥和不透水的，而且在获取更多的水、减少水的消耗和贮存水三个方面都具有特殊的适应性。水对陆生生物的热量调节和热能代谢也具有重要意义，因为蒸发散热是所有陆生生物降低体温的最重要手段。

◎植物的水平衡

由于植物光合作用所需的CO_2只占大气组成的0.03%，植物要获得1毫升CO_2必须和3000毫升以上的大气交换，从而导致植物失水量增多，使植物生长需水量很大。如一株玉米一天需水2千克，一株树木夏季一天需水量是全株鲜叶重的5倍。在这么多的耗水量中，只有1%的水被组合到植物体内，而99%的水被植物蒸腾掉了。植物在得水（根吸水）和失水（叶蒸腾）之间保持平衡，才能维持其正常生活。因此，在根的吸水能力与叶片的蒸腾作用方面，植物对环境产生了适应性。对于陆地植物，水主要来自土壤，土壤孔隙抗重力所蓄积的水称土壤的田间持水量，是土壤储水能力的上限，为植物提供可利用的水。根从土壤孔隙中吸水，根系分支的精细和程度，决定了植物是否能接近土壤的储水。在潮湿土壤上，植物生长浅根系，仅在表土下几寸的土层中，有的植物根缺乏根毛。在干燥土壤中，植物具有发达的深根系，主根可长达几米或十几米，侧根扩展范围很广，有的植物根毛发达，充分增加吸水面积，例如沙漠中的骆驼刺（旱生植物），地上部分只有几厘米，根深达到15米，扩展的范围达623米。植物蒸腾失水首先是气孔蒸腾，在不同环境中生活的植物具有不同的调节气孔开闭的能力。生活在潮湿、弱光环境中的植物，在轻微失水时，就减少气孔开张度，甚至主动关闭气孔以减少失水。阳生草本植物仅在相当干燥的环境中，气孔才慢慢关闭。另外，叶子的外表覆盖有蜡质的、不易透水的角质层，能降低叶表面的蒸腾量，生活在干燥地区的植物尽量缩小叶面积以减少蒸腾量。

湿生植物

陆生植物随生长环境的潮湿状态而分为三大类型：湿生植物、中生植物和旱生植物。各类植物形成了其自身的适应特征。如阴性湿生植物大海芋生长在热带雨林下层隐蔽潮湿环境中，大气湿度大，植物蒸腾弱，容易保持水分，因此其根系极不发达。湿生植物抗旱能力小，不能忍受长时间缺水，但抗涝性很强，根部通过通气组织和茎叶的通气组织相连接，以保证根的供氧。属于这一类的植物有秋海棠、水稻、灯芯草等。

中生植物，如大多数农作物、森林树种，由于环境中水分减少，而逐步形成一套保持水分平衡的结构与功能。如根系与输导组织比湿生植物发达，保证能吸收、供应更多的水分；叶片表面有角质层，栅栏组织较整齐，防止蒸腾能力比湿生植物高。

旱生植物生长在干热草原和荒漠地区，其抗旱能力极强。旱生植物根对干旱的耐受力是极强的，根据其形态、生理特性和抗旱方式，又可划分为少浆液植物和多浆液植物。少浆液植物体内含水量极少，当失水50%时仍能生存（湿生与中生植物失水1%～2%就枯萎）。这类植物适应干旱环境的特点表现在叶面积缩小，以减少蒸腾量。有的植物叶片极度退化成针刺状，如刺叶石竹，或小鳞片状（麻黄草），以绿色茎进行光合作用。叶片结构有各种改变，气孔多下陷，以减少水分的蒸腾。同时，发展了极发达的根系，可从深的地下吸水。在少浆液的植物中，由于细胞内有大量亲水胶体物质，使胞内渗透压高，能使根从含水量很少的土壤中吸收水分。在多浆液的旱生植物中，根、茎、叶薄壁组织逐渐变为储水组织，成为肉质性器官。这是由于细胞内有大量五碳糖，提高了胞汁液浓度，能增强植物的保水性能。由于体内储有水、生境中有充足的光照和温度，能在极端干旱的荒漠地带长成高大乔木，如仙人掌树高达15～20米，储水达2吨，其致密的浅根网以圆形模式排列，扩展到近似树高的距离。这类植物表面积与体积的比例减少，可减少蒸腾表面积。在干旱时它们中大多数失去叶片，由绿色茎代行光合作用。白天气孔关闭以减少蒸腾量，夜间气孔张开，CO_2进入细胞内被有机酸固定。到白天光照下，CO_2被分解出来，成为光合作用的原料。由于其代谢的特殊性，植物生长缓慢，生产量低。

仙人掌树

◎水生植物

水环境中，水显然是随意可利用的。然而，在淡水或咸淡水（如河流入海处）栖息地有一个趋向，即通过渗透作用水从环境进入植物体内。在海洋中，大量植物与它们所处的环境是等渗的，因而不存在渗透压调节问题。然而也有些植物是低渗透性的，致使水从植物中出来进入环境与陆地植物处于相似的状态。因而对很多水生植物来说，必须具备自动调节渗透压的能力，这经常是耗能的过程。水生环境的盐度对植物分布与多度可能有重要影响，像河口这类地方，有一个从海洋到淡水栖息地的明显梯度。盐度对沿海陆地栖息地的植物分布也有重要影响。不同物种对盐度的敏感性差异很大，能耐受高盐度的植物，是由于它们的细胞质中有高浓度的适宜物质，如氨基酸、某些多糖类、一些甲基胺等。这些物质增加了渗透压，对细胞中酶系统不产生有害影响。生长在沿海沼泽地的红树林能耐受高盐浓度，是由于这类植物的根和叶子中有高浓度的脯氨酸、山梨醇、甘氨酸－甜菜苷，增加了它们的渗透压。除此之外，盐腺将盐分泌到叶子的外表面；很多植物的根排除盐，明显地依赖于半渗透膜阻止盐进入。红树林植物进一步降低盐负荷是通过降低叶子的水蒸腾作用，这种适应相似于干旱环境中的植物。植物渗透压控制的精确机制还不十分清楚，通过观察发现激素在调节中具有重要作用，脱落酸（一种植物激素）启动了产生蛋白渗透的基因，提供了一些抗盐胁迫的保护剂。

红树林

水体中氧浓度大大低于空气的氧浓度，水生植物对缺氧环境的适应，使根、茎、叶内形成一套互相连接的通气系统。如荷花，从叶片气孔进入的空气通过叶柄、茎而进入地下茎和根的气室，形成完整的开放型的通气组织，以保证地下各组织、器官对氧的需求。另一类植物具有封闭式的通气组织系统，如金鱼藻的通气系统不与大气直接相通，但能储存由呼吸作用释放出的 CO_2，供光合作用需要，储存由光合作用释放出的氧气供呼吸需要。由于植物体内存在大量通气组织，使植物体重减轻，增加了漂浮能力。水生植物长期适应于水中弱光及缺氧，使叶片细而薄，大多数叶片表皮没有角质层和蜡质层，没有气孔和茸毛，因而没有蒸腾作用。有些植物能够生长在长期水淹的沼泽地，如丝柏树的地下侧根向地面上长出出水通气根。这些根为地下根供应空气，并帮助树牢固地生长在沼泽地中。

◎ 动物对水的适应

动物与植物一样，必须保持体内的水平衡才能维持生存。水生动物保持体内的水平衡是依赖于水的渗透调节作用，陆生动物则依靠水分的摄入与排出的动态平衡，从而形成了生理的、组织形态的及行为上的适应。

水生动物

水生动物，当它们体内溶质浓度高于环境中的时候，水将从环境中进入机体，溶质将从机体内出来进入水中，动物会“涨死”；当体内溶质浓度低于环境中时，水将从机体进入环境，盐将从环境进入机体，动物会出现“缺水”。解决这一问题的机制是靠渗透调节，渗透调节是控制生活在高渗与低渗环境中的有机体体内水平衡及溶质平衡的一种适应。

淡水鱼种

淡水鱼类：淡水水域的盐度在0.02‰～0.5‰，淡水硬骨鱼血液渗透压（冰点下降Δ－0.7℃）高于水的渗透压（Δ－0.02℃），属于高渗性的。因此，当鱼呼吸时，大量水流流过鳃，水通过鳃和口咽腔扩散到体内，同时体液中的盐离子通过鳃和尿可排出体外。进入体内的多余水，通过鱼的肾排出大量的低浓度尿，保持体内的水平衡。因此，淡水硬骨鱼的肾发育完善，有发达的肾小球，滤过率高，一般没有膀胱，或膀胱很小。丢失的溶质可从食物中得到，而鳃能主动从周围稀浓度溶液中摄取盐离子，保证了体内盐离子的平衡。

你知道吗

淡水资源受到威胁

从本世纪初开始，世界上有四分之一的地方长期缺水。我们不能造水，只能设法保护、珍惜水。在过去的3个世纪里，人类提取的淡水资源量增加了35倍，1970年达到了3500平方公里。20世纪的后半叶，淡水提取量每年增加4%～8%，其中农业灌溉和工业用水占了增长的主要部分，特别是20世纪70年代“绿色革命”期间，灌溉用水翻了一番。

据有关国际组织预测，到2050年，预测生活在缺水国家中的人口将增加到10.6亿和24.3亿之间，约占全球预测人口的13%～20%。

蓝　鲸

海洋鱼类：海水水域的盐度在3.2%～3.8%范围内，平均为3.5%，渗透压为Δ－1.85℃。海洋硬骨鱼血液渗透压为Δ－0.80℃，与环境渗透压相比是低渗性的，这导致动物体内水分不断通过鳃外流，海水中盐通过鳃进入体内。海洋硬骨鱼的渗透调节需要排出多余的盐及补偿丢失的水：它们通过经常吞海水补充水分，同时排尿少，以减少失水，因而它们的肾小球退化，排出极少的低渗尿，主要是二价离子 Mg^{2+}，SO_4^{2-}；随吞海水进入体内多余盐靠鳃排出体外。

海洋中还生活着一类软骨鱼，其血液渗透压为Δ－1.95℃，与环境相比基本上是等渗的。海洋软骨鱼体液中的无机盐类浓度与海洋硬骨鱼相似，其高渗透压的维持是依靠血液中储存大量尿素和氧化三钾胺。尿素本是蛋白质代谢废物，但在软骨鱼进化过程中，被作为有用物质利用起来。然而尿素使蛋白质和酶不稳定，氧化三钾胺正好抵消了尿素对酶的抑制作用。最大的抵消作用出现在尿素含量与氧化三钾胺含量为2∶1时。这个比例数字通常正好出现在海洋软骨鱼中。海洋软骨鱼血液与体液渗透压虽与环境等渗，但仍然有有力的离子调节，如血液中 Na^+ 浓度大约为海水的 $\frac{1}{2}$。排出体内多余 Na^+ 主要靠直肠腺，其次是肾。

广盐性洄游鱼类：洄游性鱼类来往于海水与淡水之间，其渗透调节具有淡水硬骨鱼与海水硬骨鱼的调节特征：依靠肾调节水，在淡水中排尿量大，在海水中排尿量少，在海水中又大量吞水，以补充水；盐的代谢依靠鳃调节：在海水中鳃排出盐，在淡水中摄取盐。

水的密度大约是空气密度的800倍，因此水的浮力很大，对水生动物起了支撑作用，使水生动物可以发展成庞大的体形及失去陆地动物的四肢，它们利用水的密度推进自己身体前移。如鲲鲸科中的蓝鲸，是已知动物中个体最大的，最大质量达150吨，身长达30米，使陆生动物相形见绌。很多鱼具有鱼鳔，通过鱼鳔充气调节鱼体的密度。在上层水中时，鱼鳔中充气多，使鱼身体密度小，利于漂浮，当鱼下沉中层水时，鳔中气体减少，身体密度加大。

由于水的密度大，水深度每增加10米，就增加101千帕或1标准大气压，水下50米深度的水层静水压力即为6标准大气压（加水表面的1标准大气压）。适应深海高压环境的鱼类，由于体内也受同样的压力，从深海提升到水面，会因压力迅速改变而死亡，它们皮肤组织的通透性很大，骨骼和肌肉不发达，没有鳔。肺呼吸动物如海豹与鲸，能在深海中潜泳是因为它们具有相适应的身体结构：它们的肋骨无胸骨附着，有的甚至无肋骨，缺少中央腱的肌膈膜斜置于胸腔内。当潜入深海中时，海水高压可把胸腔压扁，肺塌瘪，使肺泡中气体全部排出，导致血液中无溶解氮气。当从深水中迅速回到水面时，不会因为血液中溶解的大量氮气由于迅速减压而沸腾形成如同人类的潜涵病（减压病）。

陆生动物

有机体在陆地生存中面对的最严重问题之一是连续地失水（皮肤蒸发失水、呼吸失水与排泄失水），使有机体有可能因失水而干死，因而陆生动物在进化过程中形成了各种减少失水或保持水分的机制。脊椎动物羊膜卵的产生就代表了一种机制，使脊椎动物在发育过程中能阻止水的丢失，而允许脊椎动物去开拓陆地。

陆生动物要维持生存，必须使失水与得水达到动态平衡。得水的途径可通过直接饮水，或从食物所含水分中得到水。有的动物，如蟑螂、蜘蛛等昆

拓展阅读

对自然环境的保护

为防止自然环境的恶化，就必须对自然环境进行保护。包括：对青山、绿水、蓝天、大海的保护。这里就涉及了不能私采（矿）滥伐（树）、不能乱排（污水）乱放（污气）、不能过度放牧、不能过度开荒、不能过度开发自然资源、不能破坏自然界的生态平衡等等。这个层面属于宏观的，主要依靠各级政府行使自己的职能、进行调控，才能够解决。

虫类通过体表可直接从较潮湿的大气中吸水。各种物质氧化产生的代谢水(如100克脂肪氧化产生110克水，100克糖类氧化产生55克水)，也是重要的获水途径，这对生活在荒漠中和缺水环境中的动物是重要的水源。荒漠中生活的大动物，如骆驼，与荒漠中生长的树形仙人掌在水收支平衡中有相似处。当能得到水时，它们都取得大量水，储存并保持着。骆驼一次可饮水和储存水达体重的三分之一，在酷热的荒漠中不饮水可存活很长时间，此时依赖于组织中储存的水，能忍受占体重20%的失水率，而自己没有受到伤害(人失水10%～12%就接近死亡限)。但也有学者认为，骆驼并不储水，每次饮水只是补充了体内丢失的水。动物减少失水的适应形式表现在很多方面。首先是减少蒸发失水。随着动物呼吸，大量的水分在呼吸系统潮湿的交换表面上丢失。大多数陆生动物呼吸水分的回收包含了逆流交换的机制，即当吸气时，空气沿着呼吸道到达肺泡的巨大表面积上，使空气变成饱和水蒸气；而呼出气在通过气管与鼻腔时，随着外周体温的逐渐降低，呼出气的水汽沿着呼吸道表面凝结成水，使水分有效地返回组织，减少呼吸失水。因此，呼出气温度越低，机体失水越少。这对生活在荒漠中的鸟兽是一种重要的节水适应机制。如荒漠中啮齿类动物形成狭窄的鼻腔，使鼻腔表面积增大，降温增多，失水减少；在干燥荒漠气候中的骆驼，通过逆流交换回收了呼出气全部水分的95%。而昆虫通过气孔的开放与关闭，可使失水量相差数倍。除此以外，栖息在干燥环境中的节肢动物体表厚厚的角质层及其上面的蜡膜，以及爬行动物体表的鳞片都阻碍体表水的蒸发。

陆生动物在蛋白质代谢产物的排泄上也表现出陆地适应性。如鱼类主要以氨形式排出，氨是蛋白质最终产物，排氨节省能量，但排氨消耗水量大，排1克氨需水300～500毫升。陆生动物中两栖类、兽类排泄尿素，爬行类、鸟类及昆虫排尿酸。排泄1克尿素与尿酸，需水量分别为50毫升及10毫升，显示出排泄尿素与尿酸是对陆地环境减少失水的一种成功的适应性。

陆生动物还通过行为变化适应干旱炎热的环境，如荒漠地带的鼠类、蝉与昆虫，白天温度高而干燥时，待在潮湿的地洞中；夜间气温较为凉爽，它们才到地面活动觅食。在有季节性降雨的干热地区，动物会出现夏眠，如黄鼠、肺鱼，在夏眠时体温大约平均下降5℃，代谢率也大幅度下降，从而度过干热少雨时期。昆虫的滞育也是对缺水环境的一种适应性表现。

知识小链接

湿地调节局部小气候

湿地内丰富的植物群落，能够吸收大量的二氧化碳气体，并放出氧气。湿地中的一些植物还具有吸收空气中有害气体的功能，能有效调节大气组分。湿地水分通过蒸发成为水蒸气，然后又以降水的形式降到周围地区，保持当地的湿度和降雨量。

但同时也必须注意到，湿地也会排放出甲烷、氨气等温室气体。沼泽有很大的生物生产效能，植物在有机质形成过程中，不断吸收 CO_2 和其他气体，特别是一些有害的气体。沼泽地上的氧气则很少消耗于死亡植物残体的分解。沼泽还能吸收空气中粉尘及携带的各种菌，从而起到净化空气的作用。

生物与大气

大气是指从地球表面到高空 1100 千米范围内的空气层。在大气层中，空气密度分布是不均匀的，越往高空，空气越稀薄。因而大气压随海拔高度而变化，平均海拔每升高 300 米，大气压降低 3.33 千帕，海平面为 1 标准大气压（1 标准大气压 = 101.325 千帕），在海拔约 5400 米高度，气压大约降到 0.5 标准大气压。

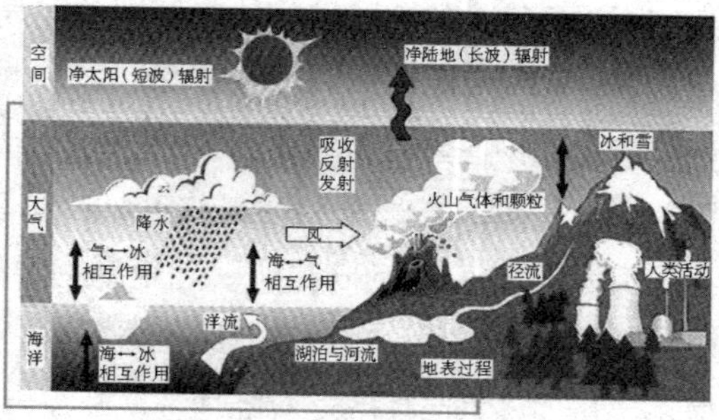

大气构成示意图

大气由氮、氧、二氧化碳、氩、氦、氖、氢、氪、氙、氨、甲烷、臭氧、氧化氮及不同含量的水蒸气组成。在干燥空气中，O_2 占大气总量的 20.95%，N_2 占 78.9%，CO_2 占 0.032%。这个比例在任何海拔高度的大气中基本相似。但在地下洞穴或通气不良的环境中，空气中的 O_2 和 CO_2 含量与大气不相同。由于海拔增高大气压降低，氧分压也随海拔增高而降低，如海平面氧分压［p（O_2）］为 101.32×20.95%＝21.23 千帕，在海拔 5400 米时氧分压为 9.73 千帕，这给哺乳动物的生存带来威胁。

在大气组成成分中，对生物关系最为密切的是 O_2 与 CO_2。CO_2 是植物光合作用的主要原料，又是生物氧化代谢的最终产物；O_2 几乎是所有生物生存所依赖的媒质（除极少数厌氧动物外），没有氧，动物就不能生存。

◎氧与生物

大气中的氧主要来源于植物的光合作用，由光能分解水释放出氧。少部分氧来源于大气层的光解作用，即紫外线分解大气外层的水汽放出氧。在 25～40 千米的大气高空层，紫外线促使氧分子与具有高浓度活性的氧原子结合生成臭氧（O_3），臭氧能阻止过量的紫外线到达地球表面，保护了地面生物免遭短光波的伤害。

动物生存必须消耗能量，这些能量来自于食物的氧化过程。由于空气密度小、黏度小，陆生动物支撑身体必须克服自身的重力，因而消耗能量比水生动物大，所需氧气量更多。例如中华鳖幼鳖在陆上 28℃及 30℃下，氧气静止代谢率分别为 134.7～180.0 毫升/千克·时，而在相同温度的水中，静止代谢率分别为 22.8 及 21.4 毫升/千克·时，陆生代谢是水下代谢的 5.9～8.3 倍。又如无尾两栖类的成体在陆地上生活，其单位体重的血红蛋白的量比其水中的蝌蚪高好几倍，心脏指数也大 3～4 倍。正由于空气中的氧比水中更容易获得，使陆地动物能得到足够多的氧，保证了陆生动物有高的代谢率，能进化成恒温动物。

金　鱼

由于陆地上氧浓度高，从海平面直到海拔 6000 米，动物代谢率没有表现出随氧浓度而改变。但氧浓度对代谢的影响可通过极低浓度时表现出来。由于水中溶解氧少，氧成为水生动物存活的限制因子，一些鱼类耗氧量依赖于水中溶氧量而改变，如当水中氧分压从 13.3 千帕下降到 2.67 千帕时，鲷、鲀的代谢率下降约$\frac{1}{3}$，当水中氧浓度低于 2 千帕时，这两种鱼就不能生存；蟾鱼从氧分压为 14.7 千帕下降到 0 时，其代谢率成直线下降，在缺氧环境中能生存一段时间，是依赖于无氧代谢。金鱼在水中溶氧高时，耗氧量不随氧浓度变化，当水中溶氧低时，耗氧随水中氧浓度下降成直线下降。这些表明动物代谢率随环境氧浓度而改变可能是一般规律，不随氧浓度而改变的可能是一种特例。

植物与动物一样呼吸消耗氧，但植物是大气中氧的主要生产者。植物光合作用中，每呼吸 44 克 CO_2，能产生 32 克 O_2。白天，植物光合作用释放的氧气比呼吸作用所消耗的氧气大 20 倍。据估算，每公顷森林每日吸收 1 吨 CO_2，呼出 0.73 吨 O_2；每公顷生长良好的草坪每日可吸收 0.2 吨 CO_2，释放 0.15 吨 O_2。如果成年人每人每天消耗 0.75 千克 O_2，释放 0.9 千克 CO_2，则城市每人需要 10 平方米森林或 50 平方米草坪才能满足呼吸需要。因此植树造林是至关重要的，不仅是美化环境，更主要的是给人类的生存提供了净化的空气环境。

◎ CO_2 的生态作用

大气圈是 CO_2 的主要蓄库。大气中的 CO_2 来源于煤、石油等燃料的燃烧及生物呼吸和微生物的分解作用。CO_2 浓度具有日变化和年变化周期。每日午前，由于光合作用，植物顶层 CO_2 浓度达到最低值；午后随着温度升高，空气湿度降低，植物光合作用逐渐减弱，呼吸作用相应加强，空气中 CO_2 浓度增加；夜间随呼吸作

你知道吗

中华环保联合会

中华环保联合会是经我国国务院批准，民政部注册，国家环保总局主管，由热心环保事业的人士、企业、事业单位自愿结成的、非营利性的、全国性的社会组织。中华环保联合会的宗旨是围绕实施可持续发展战略，围绕实现国家环境与发展的目标，围绕维护公众和社会环境权益，充分体现中华环保联合会“大中华、大环境、大联合”的组织优势，发挥政府与社会之间的桥梁和纽带作用，促进中国环境事业发展，推动全人类环境事业的进步。

用逐渐积累，CO_2 浓度达到最高值。在年周期变化中，春天因植物消耗量大，大气中 CO_2 量显著降低。

近百年来由于工业的迅速发展，大气中 CO_2 浓度从原有的 290×10^{-6} 上升到 320×10^{-6}。由于大气中 CO_2 能透过太阳辐射，而不能透过地面反射的红外线，导致地面温度升高，犹如玻璃温室的热效应。Manabe 等人认为，大气中 CO_2 每增加 1%，地表平均温度升高 0.3℃。但也有相反观点，认为大气中 CO_2 增加的同时，尘埃量也相应增加，尘埃作为反射屏阻挡了太阳辐射，而抵挡了 CO_2 的增热效应。

植物在光能作用下，同化 CO_2 与水，制造出有机物。在高产植物中，生物产量的 90% ~95% 是取自空气中的 CO_2，仅有 5% ~10% 是来自土壤。因此，CO_2 对植物生长发育具有重要作用。

各种植物利用 CO_2 的效率是不同的，C_3 植物（水稻、小麦、大豆等）在光呼吸中，线粒体呼吸作用产生的 CO_2 逸散到大气中而浪费掉，所释放的 CO_2 常达光合作用所需 CO_2 的三分之一。C_4 植物（甘蔗、玉米、高粱等）在微弱的光呼吸中，线粒体释放的 CO_2 很快被重吸收和再利用，表明 C_3 植物利用 CO_2 效率低。

空气中 CO_2 浓度虽为 0.032%，但仍是高产作物的限制因素，这是因为 CO_2 进入叶绿体内的速度慢、效率低，主要是受叶内表皮阻力和气孔阻力的影响。因此，气孔开张度是决定 CO_2 扩散速度的重要条件。

在强光照下，作物生长盛期，CO_2 不足是光合作用效率的主要限制因素，增加 CO_2 浓度能直接增加作物产量。例如，在强光照下，当空气中 CO_2 浓度从

广角镜

最不怕火烧的树木

当你走向大森林时，远远便可看到“禁止烟火”的警示牌。因为树木容易着火。可以烧毁大片森林。但是，在中国南海一带，生长着一种叫海松的树，用它的木材做成烟斗，即使是成年累月地烟熏火烧，也烧不坏。当你用一根头发绕在烟斗柄上，用火柴去烧时，头发居然烧不断。因为海松的散热能力特别强，加上它木质坚硬，特别耐高温，所以不怕火烧。

0.03%提高到0.1%左右时，小麦苗期光合作用效率可增加1倍多。当CO_2浓度低于0.005%（50×10^{-6}左右）时，C_3植物光合作用达到CO_2补偿点，植物的净光合作用速率等于零。因此，在温室中可增加CO_2浓度来提高产量，这对C_3植物比对C_4植物的效率更好，可能是因为增加CO_2的浓度弥补了C_3植物对CO_2的浪费。

生物与土壤

土壤是岩石圈表面的疏松表层，是陆生植物生活的基质和陆生动物生活的基底。土壤不仅为植物提供必需的营养和水分，而且也是土壤动物赖以生存的栖息场所。土壤的形成从开始就与生物的活动密不可分，所以土壤中总是含有多种多样的生物，如细菌、真菌、放线菌、藻类、原生动物、轮虫、线虫、蚯蚓、软体动物和各种节肢动物等，少数高等动物（如鼹鼠等）终生都生活在土壤中。据统计，在一小勺土壤里就含有亿万个细菌，25克森林腐殖土中所包含的霉菌如果一个一个排列起来，其长度可达11千米。可见，土壤是生物和非生物环境中的一个极为复杂的复合体。土壤的概念总是包括生活在土壤里的大量生物，生物的活动促进了土壤的形成，而众多类型的生物又生活在土壤之中。

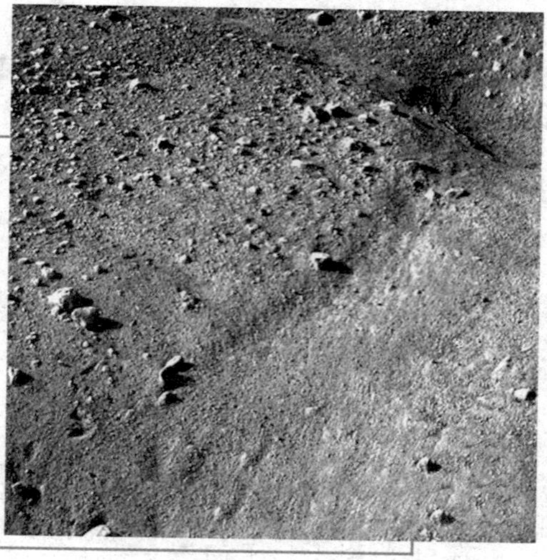

土　壤

土壤无论对植物还是对土壤动物来说都是重要的生态因子。植物的根系与土壤有着极大的接触面，在植物和土壤之间进行着频繁的物质交换，彼此有着强烈的影响，因此通过控制土壤因素就可影响植物的生长和产量。对动物来说，土壤是比大气环境更为稳定的生活环境，其温度和湿度的变化幅度要小得多，因此土壤常常成为动物的极好隐蔽所，在土壤中可以躲避高温、干燥、大风和阳光直射。由于在土壤中运动要比大气中和水中困难得多，所以除了少数动物（如蚯蚓、鼹鼠、竹鼠和穿山甲）能在土壤中掘穴居住外，大多数土壤动物都只能利用枯枝落叶层中的空隙和土壤颗粒间的空隙作为自己的生存空间。

土壤是所有陆生生态系统的基底或基础，土壤中的生物活动不仅影响着土壤本身，而且也影响着土壤上面的生物群落。生态系统中的很多重要过程都是在土壤中进行的，其中特别是分解和固氮过程。生物遗体只有通过分解过程才能转化为腐殖质和矿化为可被植物再利用的营养物质，而固氮过程则是土壤氮肥的主要来源。这两个过程都是整个生物圈物质循环所不可缺少的过程。

任何一种土壤和土壤特性都是在5种成土因素的综合作用下形成的，这五种相互依存的成土因素是母质、气候、生物因素、地形和时间。

母质是指最终能形成土壤的松散物质，这些松散物质来自于母岩的破碎和风化或外来输送物。母岩可以是火成岩、沉积岩，也可以是变质岩，岩石的构成成分是决定土壤化学成分的主要因素。其他母质可以借助于风、水、冰川和重力被传送，由于传送物的多样性，所以由传送物形成的土壤通常要比由母岩形成的土壤肥沃。

气候对土壤的发育有很大影响，温度依海拔高度和纬度而有很大变化。温度决定着岩石的风化速度，决定着有机物和无机物的分解和腐败速度，还决定着风化产物的淋溶和移动。此外，气候还影响着一个地区的植物和动物，而动植物又是影响土壤发育的重要因素。

地形是指陆地的轮廓和外形，它影响着进入土壤的水量。与平地相比，在斜坡上流失的水较多，渗入土壤的水较少，因此在斜坡上土壤往往发育不良，土层薄且分层不明显。在低地和平地常有额外的水进入土壤，使土壤深层湿度很大且呈现灰色。地形也影响着土壤的侵蚀强度并有利于成土物质向山下输送。

时间也是土壤形成的一种因素，因为一切过程都需要时间，如岩石的破碎和风化、有机物质的积累、腐败和矿化、土壤上层无机物的流失、土壤层的分化，所有这些过程都需要很长的时间。良好土壤的形成可能要经历2000

~20000 年的时间。在干旱地区土壤的发育速度较湿润地区更慢。在斜坡上的土壤不管它发育了多少年，土壤往往都是由新土构成的，因为在这里土壤的侵蚀速度可能与形成速度一样快。

植物、动物、细菌和真菌对土壤的形成和发育有很大影响。植物迟早会在风化物上定居，把根潜入母质并进一步使其破碎。植物还能把深层的营养物抽吸到表面上来，并对风化后进入土壤的无机物进行重复利用。植物通过光合作用捕获太阳能，自身成长后身体的一部分又以有机碳的形式补充到土壤中去。而植物残屑中所含有的能量又维持了大量细菌、真菌、蚯蚓和其他生物在土壤中的生存。

通过有机物质的分解把有机化合物转化成了无机营养物。土壤中的无脊椎动物，如马陆、蜈蚣、蚯蚓、螨类、跳虫等，以各种复杂的新鲜有机物为食。但它们的排泄物中却是已经过部分分解的产物。微生物将把这些产物进一步降解为水溶性的含氮化合物和碳水化合物。生物腐殖质最终会矿化成为无机化合物。

腐殖质是由很多复杂的化合物构成的，是呈黑色的同质有机物质，其性质各异，决定于其植物来源。腐殖质的分解速度缓慢，其分解速度和形成速度之间的平衡决定着土壤中腐殖质的数量。

植物的生长可减弱土壤的侵蚀与流失，并能影响土壤中营养物的含量。动物、细菌和真菌可使有机物分解并与无机物相混合，有利于土壤的通气性和水的渗入。

土壤是由固体、液体和气体组成的三相系统，其中固相颗粒是组成土壤的物质基础，占土壤全部质量的 50% ~85%，是土壤组成的骨干。根据土粒直径的大小可把土粒分成粗沙（2.0 ~0.2 毫米)、细沙（0.2 ~0.02 毫米)、粉沙（0.02 ~0.002 毫米）和黏粒（0.002 毫米以下)。这些不同大小固体颗粒的组合百分比就称为土壤质地。根据土壤质地可把土壤区分为沙土、壤土和黏土三大类。在沙土类土壤中以粗砂和细沙为主、粉沙和黏粒所占比重不到 10%，因此土壤黏性小、孔隙多，通气透水性强，蓄水和保肥能力差。在黏土类土壤中以粉砂和黏粒为主，约占 60% 以上，甚至可超过 85%。黏土类土壤质地黏重，结构紧密，保水保肥能力强，但孔隙小，通气透水性能差，湿时黏干时硬。壤土类土壤的质地比较均匀，其中沙粒、粉沙和黏粒所占比重大体相等，土壤既不太松也不太黏，通气透水性能良好且有一定的保水保肥能力，是比较理想的农作土壤。

土壤结构依据固相颗粒的排列方式、孔隙的数量和大小以及团聚体的大小和数量等划分。土壤结构可分为微团粒结构（直径小于0.2毫米）、团粒结构（直径为0.25～10毫米）和比团粒结构更大的各种结构。团粒结构是土壤中的腐殖质把矿质土粒黏结成直径为0.25～10毫米的小团体，具有泡水不散的水稳性特点。具有团粒结构的土壤是结构良好的土壤，因为它能协调土壤中的水分、空气和营养物之间的关系，改善土壤的理化性质。团粒结构是土壤肥力的基础，无结构或结构不良的土壤，土体坚实、通气透水性差，植物根系发育不良，土壤微生物和土壤动物的活动亦受到限制。土壤的质地和结构与土壤中的水分、空气和温度状况有密切关系，并直接或间接地影响着植物和土壤动物的生活。

土壤中的水分可直接被植物的根系吸收。土壤水分的适量增加有利于各种营养物质的溶解和移动，有利于磷酸盐的水解和有机态磷的矿化，这些都能改善植物的营养状况。此外，土壤水分还能调节土壤中的温度，但水分太多或太少都对植物和土壤动物不利。土壤干旱不仅影响植物的生长，也威胁着土壤动物的生存。土壤中的节肢动物一般都适应于生活在水分饱和的土壤孔隙内，例如金针虫在土壤空气湿度下降到92%时就不能存活，所以它们常常进行周期性的垂直迁移，以寻找适宜的湿度环境。土壤水分过多会使土壤中的空气流通不畅并使营养物质随水流失，降低土壤的肥力。土壤孔隙内充满了水对土壤动物更为不利，常使动物因缺氧而死亡。降水太多和土壤淹水会引起土壤动物大量死亡。此外，土壤中的水分对土壤昆虫的发育和生殖力有着直接影响，例如东亚飞蝗在土壤含水量为8%～22%时产卵量最大，而卵的最适孵化湿度是土壤含水量为3%～16%，含水量超过30%，大部分蝗卵就不能正常发育。

土壤中空气的成分与大气有所不同。例如土壤空气的含氧量一般只有10%～12%，比大气中的含氧量低。但土壤空气中二氧化碳的含量却比大气高得多，一般含量为0.1%左右。土壤空气中各种成分的含量不如大气稳定，常随季节、昼夜和深度的变化而变化。在积水和透气不良的情况下，土壤空气的含氧量可降低到10%以下，从而抑制植物根系的呼吸和影响植物正常的生理功能，动物则向土壤表层迁移以便选择适宜的呼吸条件。当土壤表层变得干旱时，土壤动物因不利于其皮肤呼吸而重新转移到土壤深层，空气可沿着虫道和植物根系向土壤深层扩散。

土壤空气中高浓度的二氧化碳（可比大气含量高几十至几百倍）一部分可扩散到近地面的大气中被植物叶子在光合作用中吸收，一部分则可直接被植物根系吸收。但是在通气不良的土壤中，二氧化碳的浓度常可达到10%～15%，如此高浓度的二氧化碳不利于植物根系的发育和种子萌发。二氧化碳浓度的进一步增加会对植物产生毒害作用，破坏根系的呼吸功能，甚至导致植物窒息死亡。

土壤通气不良会抑制好气性微生物，减缓有机物质的分解活动，使植物可利用的营养物质减少。若土壤过分通气又会使有机物质的分解速度太快，这样虽能提供植物更多的养分，但却使土壤中腐殖质的数量减少，不利于养分的长期供应。只有具有团粒结构的土壤才能调节好土壤中水分、空气和微生物活动之间的关系，从而最有利于植物的生长和土壤动物的生存。

土壤结构示意图

土壤温度除了有周期性的日变化和季节变化外，还有空间上的垂直变化。一般说来，夏季的土壤温度随深度的增加而下降，冬季的土壤温度随深度的增加而升高。白天的土壤温度随深度的增加而下降，夜间的土壤温度随深度的增加而升高。但土壤温度在35～100厘米深度以下无昼夜变化，30米以下无季节变化。土壤温度除了能直接影响植物种子的萌发和实生苗的生长外，还对植物根系的生长和呼吸能力有很大影响。大多数作物在10℃～35℃的温度范围内其生长速度随温度的升高而加快。温带植物的根系在冬季因土壤温度太低而停止生长，但土壤温度太高也不利于根系或地下贮藏器官的生长。土壤温度太高和太低都能减弱根系的呼吸能力，例如向日葵的呼吸作用在土壤温度低于10℃和高于25℃时都会明显减弱。此外，土壤温度对土壤微生物的活动、土壤气体的交换、水分的蒸发、各种盐类的溶解度以及腐殖质的分解都有明显的影响，而土壤的这些理化性质又都与植物的生长有着密切的关系。

土壤温度的垂直分布从冬季到夏季要发生两次逆转，随着一天中昼夜的转变也要发生两次变化，这种现象对土壤动物的行为具有深刻的影响。大多数土壤无脊椎动物都随着季节的变化而进行垂直迁移，以适应土壤温度的垂直变化。一般说来，土壤动物于秋冬季节向土壤深层移动，于春夏季节向土壤上层移动。移动距离常与土壤质地有密切关系。例如，金针虫每年有两次上升到土壤表层进行活动。很多狭温性的土壤动物不仅表现有季节性的垂直迁移，在较短的时间范围也能随土壤温度的垂直变化而调整其在土壤中的活动地点。

土壤酸碱度是土壤化学性质，特别是岩基状况的综合反应。它对土壤的一系列肥力性质有深刻的影响。土壤中微生物的活动，有机质的合成与分解，氮、磷等营养元素的转化与释放，微量元素的有效性，土壤保持养分的能力等都与土壤酸碱度有关。

土壤酸碱度包括酸性强度和数量两方面。酸性强度又称为土壤反应，是指与土壤固相处于平衡的土壤溶液中的 H^+ 浓度，用 pH 值表示。酸度数量是指酸度总量和缓冲性能，代表土壤所含的交换性氢、铝总量，一般用交换性酸量表示。土壤的酸度数量远远大于其酸性强度，因此，在调节土壤酸性时，应按潜酸含量来确定石灰等的施用量。

土壤动物依其对土壤酸碱度的适应范围可分为嗜酸性种类和嗜碱性种类。如金针虫在 pH 值为4.0～5.2 的土壤中数量最多，在 pH 值为2.7 的强酸性土壤也能生存。而麦红吸浆虫，通常分布在 pH 值为7～11 的碱性土壤中，当 pH 值 <6.0 时便难以生存。蚯蚓和大多数土壤昆虫喜欢生活在微碱性土壤之中。

土壤酸碱度对土壤养分有效性有重要影响。在 pH 值为6～7 的微酸条件下，土壤养分有效性最好，最有利于植物生长。在酸性土壤中容易引起钾、钙、镁、磷等元素的短缺，而在强碱性土壤中容易引起铁、硼、铜、锰和锌的短缺。土壤酸碱度还通过影响微生物的活动而影响植物的生长。酸性土壤一般不利于细菌活动，根瘤菌、褐色固氮菌、氨化细菌和硝化细菌等大多数生长在中性土壤中，它们在酸性土壤中多不能生存。许多豆科植物的根瘤也会因土壤酸性增加而死亡。pH 值为 3.5～8.5 是大多数维管束植物的生长范围，但最适合植物生长的 pH 值则远较此范围窄。

土壤有机质是土壤的重要组成部分，土壤的许多属性都间接或直接与土壤有机质有关。土壤有机质可粗略地分为两类：非腐殖质和腐殖质。前者是原来的动植物组织和部分分解的组织，后者则是微生物分解有机质时重新合成的具有相对稳定性的多聚体化合物，主要是胡敏酸和富里酸，占土壤有机质的 85%～90%。腐殖质是植物营养的重要碳源和氮源，土壤中 99% 以上的氮素是以腐殖质的形式存在的。腐殖质也是植物所需各种矿质营养的重要来源，并能与各种微量元素形成配合物，增加微量元素的有效性。

土壤腐殖质还是异养微生物的重要养料和能源，因此能活化土壤微生物，而土壤微生物的旺盛活动对于植物营养是十分重要的因素。

土壤有机质含量是土壤肥力的一个重要标志。但一般土壤表层内有机质含量只有 3%～5%。森林土壤和草原土壤含有机质的量比较高，因为在植被下能保持物质循环的平衡。但这类土壤一经开垦，并连续耕作之后，有机质逐渐被分解，如得不到足够量的补充，会因养分循环中断而失去平衡，致使有机质含量迅速降低。因此，施加有机肥是恢复和提高农田土壤肥力的一项重要措施。

土壤有机质能改善土壤的物理结构和化学性质，有利于土壤团粒结构的形成，从而促进植物的生长和养分的吸收。

一般来说，土壤有机质含量越多，土壤动物的种类和数量也越多。因此，在富含腐殖质的草原黑钙土中，土壤动物的种类和数量极为丰富，而在有机质含量很少的荒漠地区，土壤动物的种类和数量则非常有限。

动植物在生长发育过程中，需要不断地从土壤中吸取大量的无机元素，包括大量元素（氮、磷、钾、钙、硫和镁）和微量元素（锰、锌、铜、钼、硼和氯）。

植物所需的无机元素来自矿物质和有机质的矿化分解，动物所需的元素则来自植物。在土壤中将近98%的养分呈束缚态，存在于矿质或结合于有机碎屑、腐殖质或较难溶解的无机物中，它们构成了养分的储备源，通过分化和矿化作用慢慢地变为可用态供给植物生长需要。土壤中含有植物必需的各种元素，比例适当能使植物生长发育良好，因此可通过合理施肥改善土壤的营养状况来达到植物增产的目的。

土壤中的无机元素对动物的分布和数量有一定影响。如当土壤中钴离子浓度在（2~3）$\times 10^{-6}$以下时，牛羊等反刍动物就会生病。同一种蜗牛，生活在含钙高的地方，其壳重占体重的35%；而在含钙低的地方，其壳重只占体重的20%。由于石灰质土壤对蜗牛壳的形成很重要，所以石灰岩地区蜗牛数量往往较其他地区多。哺乳动物也喜欢在母岩为石灰岩的土壤地区活动。含氯化钠丰富的土壤和地区往往能够吸引大量的草食有蹄动物，因为这些动物处于生理需要必须摄入大量的盐。

但是，土壤含盐量对飞蝗的影响甚大，含盐量低于0.5%的地区是飞蝗常年活动的场所；而含盐量在0.7%~1.2%的地区，是它们扩散和轮生的地方；在土壤含盐量达1.2%~1.5%的地区就不会出现飞蝗。土壤中某些元素的富余也会对动物造成不利影响，如氟含量过高的地区，人、畜易患克山病等各种地方病，严重者可造成死亡。另外，含氟量过大，动物的牙齿就会出现褐色斑点，还会变得易碎。

虽然土壤环境与地上环境有很大不同，但两地生物的基本需求却是相同的，土壤中的生物也和地上生物一样需要生存空间、氧气、食物和水。没有生物的存在和积极活动，土壤就得不到发育。生活在土壤中的细菌、真菌和蚯蚓等生物都能把无机物质转移到生命系统之中。作为生命的生存场所，土壤有许多明显的特征。它有稳定的结构和化学性质，是生物的避难所，可使生物避开极端的温度、极端的干旱、大风和强光照。还有，土壤不利于动物的移动，除了像蚯蚓的动物以外，土壤中的孔隙空间对土壤动物的生存是很重要的，它决定着土壤环境的生存空间、水分和气体条件。

对于大多数土壤动物来说，生活空间只局限于土壤的上层，它们的栖息地点包括枯枝落叶层内，土壤颗粒之间的空隙、裂缝和根道等。土壤空隙内的水分是很重要的，大多数土壤动物只有在水中才显示出活力。土壤的存在方式通常是覆盖在土壤颗粒表层的一薄层水膜，在这些水膜内生活有细菌、单细胞藻类、原生动物、轮虫和线虫等。水膜的厚度和形状限制着这些土壤生物的移动。很多小动物和较大动物（如蜈蚣和倍足亚纲多足类）的幼年期受水膜的限制是不能活动的，它们无法克服水的表面张力。有些土壤动物（如蜈蚣和马陆等多足动物）对于燥缺水极为敏感，常常潜到土壤深层以防脱水。

如果暴雨之后土壤中的孔洞完全被水填满，这对一些土壤动物来说也是灾难性的。蚯蚓如果未能及时潜入土壤深层逃避水淹，往往会逃到地面上来，在那里常会死于紫外线辐射、脱水或被其他动物吃掉。

栖息在土壤中的动物有极大的多样性，细菌、真菌、原生动物的种类极多，几乎无脊椎动物的每一个门都有不少种类生活在土壤中。在澳大利亚的一个山毛榉森林土壤中，一位土壤动物学家采到了 110 种甲虫、229 种螨和 46 种软体动物（蜗牛和蛞蝓）。土壤中的优势生物是细菌、真菌、原生动物和线虫。每平方米土壤中的线虫数量可达几百万个。这些土壤生物要从活植物的根和死的有机物中获取营养。有些原生动物和自由生活的线虫则主要以细菌和真菌为食。螨类和弹尾目昆虫广泛分布在所有的森林土壤中，数量极多，两者加起来大约占土壤动物总数的 80%。它们以真菌为食或是在有机物团块的孔隙中寻找猎物。相比之下，螨类的数量要比弹尾目昆虫多。螨是一类很小的八足节肢动物，体长只有 0.1 ~ 2.0 毫米。土壤和枯枝落叶层中最常见的螨是 Orbatei，它主要以真菌菌丝为食，也能把针叶中的纤维素转化为糖。

弹尾目昆虫是昆虫中分布最广泛的一类动物，俗称跳虫，最明显的特征是身体后端生有一个弹跳器，靠此器官可以跳得很远。跳虫身体很小，一般只有0.3 ~ 1.0 毫米。它们主要以腐败的植物质为食，也吃真菌菌丝。在比较大的土壤动物中最常见的是蚯蚓（正蚯蚓科，Lumbricidae）。蚯蚓穿行于土壤之中，不断把土壤和新鲜植物质吞入体内，再将其与肠分泌物混合，最终排出体外，在土壤表面形成粪丘，或者呈半液体状排放于蚯蚓洞道内。蚯蚓的活动有利于改善其他动物所栖息的土壤环境。

多足纲的千足虫主要是取食土壤表面的落叶，特别是那些已被真菌初步分解过的落叶。由于缺乏分解纤维素所必需的酶，所以千足虫是依靠落叶层中的真菌为生。它们的主要贡献是对枯枝落叶进行机械破碎，以使其更容易被微生物所分解，尤其是腐生真菌。在土壤无脊椎动物中，蜗牛和蛞蝓具有最为多种多样的酶，这些酶不仅能够水解纤维素和植物多糖，甚至能够分解极难消化的木质素。

蚯 蚓

在土壤动物中不能不提到白蚁(等翅目)，因为在能分解木质纤维素的大型动物中，除了某些双翅目昆虫和甲虫幼虫之外，就只有白蚁了。它们是借助于肠道内共生原生动物的帮助才能利用纤维素的。在热带土壤动物区系中，白蚁占有很大优势。它们很快就能把土壤表面的木材、枯草和其他物质清除干净。白蚁在建巢和构筑巨大的蚁冢时会搬运大量的土壤，在食碎屑动物的背后是一系列的捕食动物，小节肢动物是蜘蛛、甲虫、拟蝎、捕食性螨和蜈蚣的主要捕食对象。

在世界各地，土壤正受到严重的侵蚀和破坏。在铁路的路基下土壤被掩埋，人类的挖掘活动、表层开矿和修路严重破坏着土壤的天然结构和层次性；风和水对土壤的侵蚀也日趋严重；表层土壤因农业耕耘而被搅乱。只有受植被保护的土壤才能保持其完整性，植被可减弱风力和暴雨的冲击力。雨水缓缓地进入枯枝落叶层渗入土壤之中。如果雨水太多，超过了土壤的吸收容纳量，过剩的雨水会从土壤表层流走，但植被将会减慢水流的速度。

如果因为垦荒、伐木、放牧、修路和各种建设活动而使土壤失去了植被和枯枝落叶层的保护，那它就极易遭到侵蚀，对各种侵蚀都会变得非常敏感。风和水会把土壤颗粒吹走或冲走，其速度要比新土壤的形成速度快得多。新土的形成速度每年每公顷大约只有1吨。一般说来，土壤的表层富含腐殖质、有团粒结构、吸收能力强，如果这些表土流失掉，下面的土壤腐殖质贫乏、吸收能力差、稳定性差，这些深层土一旦暴露到表层就易受到侵蚀。如果下层土壤是黏性土，那它的吸水能力就更差，一旦遇到洪水就会形成急速的地表径流，对土壤有极强的侵蚀性。

风蚀后的土壤

土壤常因各种原因被压实，这对土壤来说是更严重的破坏。大型农业机械和各种建设机械的使用往往会把大面积的土壤压实。在牧场、农场、娱乐场所和田间林间的小路上经常有人、马匹和其他动物的践踏；在道路之外的其他地方还经常使用多种适合于各种地形的车辆，这都将会导致土壤被压实。大力推压也会把土壤颗粒压得更紧密，使土壤中的孔隙减少减小。湿润的土壤更容易被压实，因为潮湿的土壤颗粒更容易彼此黏接在一起。被压实的土壤就失去了对水的吸收能力，所以水很快就会从土壤表面流走。

知识小链接

湿地的功能

湿地的功能是多方面的，它可作为直接利用的水源或补充地下水，又能有效控制洪水和防止土壤沙化，还能滞留沉积物、有毒物、营养物质，从而改善环境污染；它能以有机质的形式储存碳元素，减少温室效应，保护海岸不受风浪侵蚀，提供清洁方便的运输方式……

它因有如此众多而有益的功能而被人们称为“地球之肾”。湿地还是众多植物、动物特别是水禽生长的乐园，同时又向人类提供食物（水产品、禽畜产品、谷物）、能源（水能、泥炭、薪柴）、原材料（芦苇、木材、药用植物）和旅游场所，是人类赖以生存和持续发展的重要基础。

降落在裸露地面的雨水对土壤表层有一种锤击效应，可把较轻的有机物移走，破坏土壤聚合体并在土壤表层形成一个不渗水层，结果雨水会以地表径流的形式流失并带走一部分土壤颗粒。土壤侵蚀至少可区分为三种不同的类型，即片状侵蚀、细沟侵蚀和冲沟侵蚀。片状侵蚀就是从整个受侵蚀的区域表面差不多是均等地冲走或带走一部分土壤。当地表径流汇聚到细沟或小沟里而不是均匀地散布在斜坡表面流动时，就具有了向下的切割力。所谓细

沟侵蚀就是指雨水沿着小沟或细沟迅速下泻，造成对小沟长时间的切割，或是指地表径流汇聚起足够多的水量后对土壤的深切作用，结果会形成破坏性极大的冲沟。冲沟侵蚀常常是从一个路过车辆所留下的车辙开始，经过雨水的不断冲刷而加深加宽为真正的冲沟。

裸露的土壤，粒细、松散而干燥，翻耕之后极易受到风的侵蚀，风会把土壤微粒扬起，吹到很高很远的地方形成扬尘天气，严重时可形成沙尘暴。我国华北北部和西北地区大面积的土壤暴露和缺乏植被保护，是造成土壤风蚀严重和大气污染的主要原因。风蚀现象在全球范围内日趋严重，特别是在干旱和半干旱地区。沙尘粒被风带到高空后可水平运送几百千米甚至几千千米远。风蚀常会把植物的根暴露出来或用沙尘和其他残屑把植被掩埋。在很多地区，风蚀的危害比水蚀更大。

风蚀和水蚀可使陆地毁于一旦，变得难以再利用。全世界每年大约有1200 万公顷的可耕地因风蚀和水蚀变得无法再利用而被弃耕。这些土地大都毁损严重，以致连天然植被都难以恢复。当前，土壤侵蚀日趋严重，除非采取极端措施恢复植被，否则形势很难扭转。

土壤侵蚀所造成的危害既表现在本地也表现在外地。农用地和林地的土壤侵蚀可大大减少土壤中的有机物质和增加黏土成分，同时也减弱了土壤的吸水和保水能力，使得干旱地区更加干旱，湿润地区洪水频发。土壤侵蚀能破坏土壤结构，减少植物所需要的营养物质，使植物的根系变浅从而降低农作物产量。土壤侵蚀还会使土壤生物多样性下降和生物数量减少，尤其是对土壤生产力和透水能力有极大影响。据估计，土壤表层每流失 2.5 厘

拓展思考

最早出现的植物

距今 25 亿年前（元古代），地球上最早出现的植物属于菌类和藻类，其后藻类一度非常繁盛。直到 438000000 万年前（志留纪），绿藻摆脱了水域环境的束缚，首次登陆大地，进化为蕨类植物，为大地首次添上绿装。360000000 万年前（石炭纪），蕨类植物绝种，代之而起是石松类、楔叶类、真蕨类和种子蕨类，形成沼泽森林。

米，玉米和小麦的产量就会减少 6%。美国每年土壤侵蚀所造成的经济损失多达 270 亿美元，为此所付出的环境代价是 170 亿美元。

据测算，土壤侵蚀对外地造成的损失要比本地大 1 倍。被风和水带走的土壤会流散在各地，泥沙冲入河流会减弱光在水中的穿透性并可阻碍航行。沉积物会填满水库和水电站闸门，减少这些水力发电设施的使用年限并造成对水质的污染。目前松花江哈尔滨江段滨州铁路桥附近淤积沙滩超过 3400 亩，共有泥沙 490 多万立方米，铁路桥原有 8 孔现在只有 2 孔可以通航，航道也由 1500 千米缩短为 580 千米。风携带的沙尘将会造成大气的严重污染，近些年来，大气含尘污染已上升为北京空气污染的首要因素。含尘空气还可以损毁机器和使人致病。

生物对环境的适应

生物对环境的适应具有许多不同的含义，但主要是指生物对其环境压力的调整过程。首先，应当了解基因型适应和表现型适应的区别。基因型适应的调整是可遗传的，因此是发生在进化过程中；表现型适应则发生在生物个体身上，具备非遗传的基础。

表现型适应包括可逆的和不可逆的表现型适应。许多动物能够通过学习以适应环境的改变。它们不但能够通过学习什么食物最有营养、什么场所是最佳隐蔽地等，来调整对环境改变的反应，而且能够学习如何根据环境的改变来调整自己的行为。例如，动物能够通过对一些环境刺

你知道吗

联合国环境规划署

联合国环境规划署（简称 UNEP），成立于 1973 年，总部设在肯尼亚首都内罗毕，是全球仅有的两个将总部设在发展中国家的联合国机构之一。所有联合国成员国、专门机构成员和国际原子能机构成员均可加入环境署，到 2009 年，已有 100 多个国家参加其活动。在国际社会和各国政府对全球环境状况及世界可持续发展前景愈加深切关注的 21 世纪，环境署受到越来越高度的重视，并且正在发挥着不可替代的关键作用。

激反复出现的“习惯化”学习，逐渐放弃那些对生活没有意义的反应，由此适应环境的多变性。学习基本上是属于不可逆的表现型适应。尽管动物会忘记或抑制已经学到的行为，但是，学习所产生的内在改变是永久的，这种内在改变只能被随后的学习所修改。

可逆的表现型适应涉及一些有助于生物适应当地环境的生理过程。这些生理过程既有气候驯化的缓慢过程，也有维持稳态的快速生理调节。所谓气候驯化是指在自然条件下，生物对多个生态因子长期适应以后，其耐受范围发生可逆的改变。大多数动物都能够通过快速的生理应答，如哺乳类的流汗，或通过行为应答，又如寻找合适的阴凉处来适应环境温度的改变。如果环境改变的持续时间拉长，就会发生缓慢的驯化适应。例如，一个人从寒冷的地方进入到炎热的地方，刚开始时会流汗降低体温，以后逐渐地就会被新环境所驯化，不再觉得炎热，产生了适应。

适应也可以是指感觉器官对它们所感觉到的环境刺激改变的调整，这种适应称为感觉适应。例如，当我们进入灯光非常明亮的房间时，开始会觉得很明亮，但几分钟后似乎就不明亮了，因为这时候我们的眼睛已经适应了亮度的改变。感觉适应可以发生在各种不同类型的感官当中。就亮光而言，适应是通过瞳孔收缩减少进入眼睛的光量，另一方面，眼睛内部也会发生光化学改变。

总之，适应包括：1. 进化适应，物种通过漫长的过程，调整遗传成分以

趣味点击

比钢铁还要硬的树

我们也许没有想到会有一种比钢铁还硬的树吧？这种树叫铁桦树，属于桦木科桦木属。子弹打在这种木头上，就像打在厚钢板上一样，不会受到损坏。

这种珍贵的树木，高约 20 米，树干直径约 70 厘米，寿命约 300～350 年。树皮呈暗红色或接近黑色，上面密布着白色斑点。树叶是椭圆形。它的产区不广，主要分布在朝鲜南部和朝鲜与中国接壤地区，俄罗斯南部海滨一带也有一些。铁桦树的木坚硬，比橡树硬 3 倍，比普通的钢硬 1 倍，是世界上最硬的木材，人们把它用作金属的代用品。

适合于改变的环境条件。2. 生理适应，生物个体通过生理过程的调整以适合于气候条件、食物质量等环境条件的改变。3. 感觉适应。4. 通过学习的适应，动物通过学习以适合于多种多样的环境改变。

适应可以使生物对生态因子的耐受范围发生改变。自然环境的多种生态因子是相互联系、相互影响的。因此，对一组特定环境条件的适应也必定会表现出彼此之间的相互关联性，这一整套协同的适应特性就称为适应组合。

应当强调的是，无论生物通过哪一种适应方式来调整、扩大它们对生态因子的耐受范围，或生存在更多的复杂环境当中，都不能逃脱生态因子的限制。耐受极限只能改变而不能去除，因此，生物的生理状态和分布会由于它们对特定生态因子耐受范围的有限性而受到限制。生物对特定生态因子的耐受范围由该生物的遗传结构所决定，因此是生物的物种特性。例如，厩蝇对温度的耐受范围是14℃～32℃，家蝇对温度的耐受范围则是20℃～40℃。

广角镜

我国重要湿地名录

目前中国已经列入《湿地公约》国际重要湿地名录的湿地共39处。其中有，黑龙江扎龙自然保护区；吉林向海自然保护区；海南东寨港红树林自然保护区；青海鸟岛自然保护区；江西鄱阳湖自然保护区；湖南东洞庭湖自然保护区；香港米埔和后海湾国际重要湿地；黑龙江洪河自然保护区；黑龙江兴凯湖国家级自然保护区；黑龙江三江国家级自然保护区；内蒙古达赉湖自然保护区；内蒙古鄂尔多斯遗鸥自然保护区；辽宁大连国家级斑海豹自然保护区；江苏大丰麋鹿自然保护区；江苏盐城自然保护区；湖南汉寿西洞庭湖自然保护区；湖南南洞庭湖湿地和水禽自然保护区；上海市崇明东滩自然保护区；广东惠东港口海龟国家级自然保护区；广东湛江红树林国家级自然保护区等。

生态资源大扫描

生物的生态作用

SHENGTAI ZIYUAN DASAOMIAO

环境主要是由生物因素和非生物因素构成的。我们把具有生命的物质所造成的因素叫生物因素，而把不具有生命的物质所构成的因素叫非生物因素。生物因素与环境之间是相互作用密不可分的，环境可以影响生物的生长发育，同样生物的生长发育也会反作用于环境。下面我们介绍植被、土壤及水生物对生态的作用。

森林植被的生态效应

生物与环境之间的作用是相互的，生物在时刻受环境的作用同时也对其生存环境产生多方面的影响。生物对环境的改造作用可使环境变得更有利于生物生存，也可对环境资源和环境质量造成不良影响。

雨中的森林

森林是生物圈内数量最大的植物群落，是地球上的最大初级生产者。在陆地生态系统中具有强大的生态效应，对其他植物、动物和人类的生态条件形成与改善具有重要影响。其生态效应主要有如下六方面：

1. 涵养水源，保持水土。林冠可以截留10%～30%的降水，枯枝落叶层及植被物可使50%～80%的降水渗入林地土层，形成地下水，减少了地表径流和表土冲刷。每公顷森林植被含水总量可达200～400吨，每公顷森林地比无林地每年至少可多蓄水300立方米。降水通过林冠截留和林地的渗透贮存，实际流出林地的水量极少。

2. 调节气候，增加雨量。大片森林有强大的蒸腾作用，观察表明，有林地区一般比无林地区降水量要多17.4%。我

拓展阅读

森林与人类息息相关

森林是人类的亲密伙伴，是全球生态系统的重要组成部分。破坏森林就是破坏人类赖以生存的自然环境，破坏全球的生态平衡，使我们从吃的食物到呼吸的空气都受到影响。

森林破坏给我们带来了严重的恶果。水土流失，风沙肆虐，气候失调，旱涝成灾，都同大规模的森林破坏有关。人们毁林开荒的目的是为了多得耕地，多产粮食，可是结果适得其反，农作物反而减产，挨饿的人越来越多。爱护森林吧，乱砍滥伐森林是人类的愚蠢行为，再不要做这种贻害子孙后代的事了。

国雷州半岛过去林少，荒凉易旱；后森林覆盖率增大到36%，年降雨量因之增加32%。森林上空空气的相对湿度比无林区上空高12%～25%，高温季节林区气温较低，寒冷季节气温则较高。森林对周边地区的气候特征有明显调节作用，对区域气候也有重要影响。

3. 防风固沙，保护农田。森林的枝叶可以挡风，根系可以固土固沙，防止农田被风蚀沙压和防止或减轻作物倒伏。国内外农田基本建设、江河堤坝及交通沿线都注重防风林网、防沙林带和防浪林带的设置。据各地观测，当主风方向和农田防护林带垂直时，背风面相当于树高15～20倍距离以内及迎风面1～3倍距离的风速降低30%～50%；10公顷防风林，可保护农田100公顷；防护林可使高温期温度降低0.2℃～1.8℃，低温期温度升高0.3℃～0.6℃，相对湿度提高2%～4%。这些生态因子的改善有利于作物产量的提高和稳产性加强。

4. 保护环境，净化空气。1公顷阔叶林在正常生长季节进行光合作用每天约吸收1000千克二氧化碳，同时释放730千克氧。森林每累积1000千克干物质，能产生1393～1428千克氧。森林对烟尘和粉尘有明显过滤和阻滞作用，枝叶能降低风速，且叶片表面不平、多茸毛、分泌黏性物质等特性可使粉尘沉降并吸附。每年每公顷树冠可吸尘30～70吨。森林内多种植物能分别吸收空气中的二氧化硫、氟化氢、氯和臭氧等有毒气体。许多树种，如柞树、柏树、梧桐及冷杉等能分泌植物杀菌素，杀死空气中的白喉、肺结核、伤寒及痢疾等疾病的病原菌。植物根部能吸收或分泌次生代谢物质，分解地面有毒污染物质，分解有

你知道吗

生长最慢的树

自然界树木生长的速度，真是千差万别，有的快得惊人，有的慢得出奇。在俄罗斯的喀拉哈里沙漠中，有一种名叫尔威兹加的树，个子很矮，整个树冠是圆形的，要是从正面看上去，就像是沙地上的小圆桌。它的升高速度慢极了，100年才长高30厘米。要是和毛竹的生长速度相比，真像老牛追火车。尔威兹加树要长333年，才能达到毛竹一天生长的高度。

尔威兹加树生长为什么如此慢呢？除了它的本性以外，沙漠中雨水稀少，天气干旱，风又大，这也是重要原因。

机物，使地面土壤和水源净化。

5. 减低噪音，美化景观。噪声在 60dB（分贝）以上就干扰工作，95～100dB就影响听力，森林和树木可显著减低噪音。各种林木形状、色彩丰富多样。森林使水源充足，气候宜人，空气清新，形成了大地的自然景观。森林地区通常是理想的旅游区。

6. 提供产品和燃料，增加肥源。森林有助于发展畜牧业，增加有机肥，培肥土壤，同时还有助于从根本上解决我国农村中能源缺乏问题，进而解决生态平衡失调问题。

我们不但可以计算森林的直接经济效益和社会效益，同时也可以计算其间接生态经济效益。据日本学者计算，日本森林在涵养水源、防止泥沙流失、防止土壤崩塌、保健旅游、保护野生动物和供给氧气与净化大气等方面带来的间接经济效益，相当于全国财政支出总额。据芬兰学者计算，芬兰森林每年生长木材的经济效益是 17 亿马克，而它的环保价值是 53 亿马克。由于森林对环境的良好影响，许多国家都十分重视森林的保护和建造。

海洋生物的生态效应

海洋面积占地球表面积的 70% 以上。由于海洋分布广阔，海域类型多样，海洋本身的深度不同，海洋与陆地接合部各具特征，形成了海洋生物的多样性及与陆地生态系统多种密切联系。海洋生物对陆地生物和整个生物圈都产生重要作用，具有较大的生态效应。

有净化功能的海洋生物

海洋生物包括海滨湿地及近海生物（如热带、亚热带河口海湾的红树林群落），浅水海岸带的海草群落，浅海生物群落及大洋深海生物群落等。浅海区及深海区表层生活有大量水生植物和浮游生物，能进行光合作用，是海洋生物的初级生产者。特别是在远离陆地的大洋区，海水营养贫乏，进行光合作用的自养浮游生物则是主要初级生产者，是其他海洋动物的生存基础，如

知识小链接

海洋和海岸也有湿地

海洋和海岸的湿地包括：1. 永久性浅海水域，多数情况下低潮时水位小于6米，包括海湾和海峡。2. 海草层，包括潮下藻类、海草、热带海草植物生长区。3. 珊瑚礁，珊瑚礁及其邻近水域。4. 岩石性海岸，包括近海岩石性岛屿、海边峭壁。5. 沙滩、砾石与卵石滩，包括滨海沙洲、海岬以及沙岛；沙丘及丘间沼泽。6. 河口水域：河口水域和河口三角洲水域。7. 滩涂，潮间带泥滩、沙滩和海岸其他咸水沼泽。8. 盐沼，包括滨海盐沼、盐化草甸。9. 潮间带森林湿地，包括红树林沼泽和海岸淡水沼泽森林。

蓝细菌和固氮蓝藻等。海洋深处是光线不能透射到达的黑暗场所，没有初级生产力，但也有大量种类的动物依赖水表转入的食物而生存，这些动物形成了特殊的适应能力，如形成发光器官、弱光区则有特别发达的视觉、捕食器官的增大、雌雄共生等。总之，海洋生物在海洋和陆地周围形成了一个完善的立体分布、能量利用体系。

1. 海洋生物是地球上最大的环境净化者。陆地生物产生的各种有机物、代谢产物和环境释放物都要经江河或大气进入海洋，沉淀于近海底部和溶于水中，海洋生物则是这些物质的捕获者，使海底沉积层稳定，清除水体的富营养化，增加水体透明度。如果没有大量的海洋生物，海水的有机污染就会不断积累，地球生态就不能保持平衡，陆地

拓展阅读

土地荒漠化的治理

土地荒漠化的后果很严重，防止土地荒漠化是我们面临的一个大问题。但科学家为我们指出的可行之路却并不复杂，那就是，只要遵从下面两个原则，我们就应该走在了治理和防止土地荒漠化的正确方向上。一是严格遵守自然法则，尊重天然植被，保持有限数量的动物在土地上的活动；二是在遵守自然条件的原则下，帮助植被的恢复是有益的，但有时在没有人干扰情况下，自然植被的恢复可能会更合理，更富有地域特色性和生物多样性。

生物也不能生存。

2. 海洋生物给陆地生物提供了丰富的产品。大量海洋植物和动物产品补充着陆地生物食物链，在有的地区海洋经济是人类的主要依靠。随着人类增加，陆地资源的不足，开发海洋资源将显得愈加重要。沿海岸陆地动物依靠海洋生物生存，如红树林是鸟类的重要分布区，海洋的鱼类、贝类及爬行类动物和海草、海藻等植物是鸟类和陆地动物的食物源。

3. 海洋生物非正常生长造成的危害。由于人类活动的加快，陆地资源的快速消耗，大量有机物和有毒污染物排入海洋，使近海动物减少，而浮游生物增多，或海草生长过多，造成海洋生物的发展不平衡，因此出现了大区域的赤潮、黄潮现象。从而影响了陆地生物的生存环境。保护海洋生态和海洋生物是21 世纪的又一艰巨任务。

淡水生物的生态效应

淡水浮游生物包括浮游植物和浮游动物，其主要生态作用是：浮游植物能吸收水中各种矿质养分和有机物，保持水体一定的清洁度，增加水体的溶氧量，对水质理化特性的变化起主导作用，同时形成水域生态系统的初级生产力。渔业生产上所讲的培养水质或肥水，实质上是指繁殖浮游生物。浮游生物生产力的大小，预示着池塘鱼类产量的高低。浮游植物是鲢、鳙和罗非鱼等鱼类的主要饵料，浮游动物是幼鱼的饵料。

多种鱼类共同对水体环境发生影响。草食性鱼类的粪便

你知道吗

中国环境保护产业协会

中国环境保护产业协会成立于1993 年（前身为1984 年成立的中国环境保护工业协会），是由在中国境内登记注册的从事环境保护产业的科研、设计、生产、流通和服务单位以及中国境内从事环境保护产业的行业专家自愿组成的社会团体，是具有社团法人资格的跨地区、跨部门、跨所有制的全国性、行业性的非营利性社会组织。中国环境保护产业协会共有团体会员46 家（省、自治区、直辖市、副省级城市环保产业协会），单位会员超过1100 家，并通过省市协会联系着上万家企业。

可以促进浮游生物的繁殖，为鲢、鳙提供饵料。鲢、鳙等滤食性鱼类取食浮游生物和细菌，使水质变清，有利于草食性鱼类的生活。鲤、鲫、罗非鱼等摄食有机碎屑，也可保护水质。各种水生生物之间以及水生生物与环境之间连接成一个合理的、具有良性循环的生态系统，既具有较好的生产性能，又具有较强的自净能力。

湖泊中，水生植物常占重要地位，大量植物有机残体沉积湖底，积极参与湖盆的填平作用。据分析，云南省天然湖泊底泥中有机质含量，洱海为2.69%、滇池为6.34%、草海最高可达27%，为湖泊的沼泽化和泥炭形成提供了丰富的物质基础。另外，水生植物具有过滤泥沙、减缓水流的作用，促使湖水透明度增大。在氧化塘中利用水生植物（如凤眼莲）处理污水，也是水生生物净化、改造水域环境的实例之一。

基本小知识

不用电器断电源

家庭和办公室内的各种电器，如电视机、电脑等，请在不使用时关掉电源。在待机状态下，电视机每小时平均耗电量8.07焦耳，空调3.47焦耳，显示器7.69焦耳，PC主机35.07焦耳，抽油烟机6.06焦耳。关掉电源这一小小的举动既可以帮助节省电费，又能保护环境。

土壤生物的生态效应

土壤中的生物是多种多样的，其中土壤微生物（包括细菌、放线菌、真菌、藻类和原生动物等）是土壤中重要的分解者，在土壤的形成和发展过程中起着重要的作用。在土壤形成的初级阶段，能利用光能的地衣类微生物参与岩石的风化，再在其他微生物的参与下，形成腐殖质使土壤性质发生变化。

土壤动物是最重要的消费者和分解者。在土壤中生存或栖居的动物有上千种，很多为节肢动物。非节肢土壤动物主要有线虫和蚯蚓。线虫是土壤中存在比较丰富的动物，主要生活在土粒周围的水膜中或植物根内。土壤中寄生性线虫寄生于许多植物根部。蚯蚓是土壤中最常见的生物，喜欢湿润的环境和丰富的有机质，常生活在黏质、有机质含量高和酸性不太强的土壤里，有人估计，每公顷土壤所含蚯蚓可达 200～1000 千克。蚯蚓靠吞食土壤中的有机物质生活。它们使土壤与有机物紧密混合，并通过孔道的形成、粪粒的产生，使土壤更疏松多孔。

土壤动物中很多是节肢动物，重要的有螨类、蜈蚣、马陆、跳虫、白蚁、甲虫及蚂蚁等。以螨类和弹尾目昆虫的种类最多、分布最广。螨类在土壤中粉碎和分解有机物，并把有机物运到较深的土层中，起到维持土壤通气性、改善土壤的作用。弹尾目昆虫俗名跳虫，多取食正在分解中的植物。蚂蚁也是土壤中比较活跃的动物之一。虽然它们的食物在地表，对枯枝落叶的分解作用很小，但是重要的土壤搅拌者。蚂蚁筑的窝丘，分布广泛，携带了大量下层土壤至地面。在有些地区，蚂蚁用于建筑蚁窝而搬动的土壤估计每英亩可达 3400 吨。

植物的根系对改良土壤有重要作用，根系表面能分泌代谢产物，促进矿物质溶解，促进根际微生物活动；根残存于土壤中增加有机质含量，增加土壤通透性；有些植物（如豆科）根部与固氮微生物共生，增加土壤氮素水平。

活动于土壤中的动物、扎根于土壤中的植物和土壤中数量众多的微生物对土壤有多方面的作用和影响，归结起来主要有：

（1）促进成土作用。母岩风化的矿化物质并不是土壤，还要加入有机物质，经过生物的作用才能形成土壤，生物对土壤的形成起着关键作用。

2. 改善土壤的物理性能。种植于土壤中的深根植物、挖掘土壤的动物和数量巨大的微生物的活动大大改善了土壤的结构、孔隙度和通气性。土壤

你知道吗

中国环境科学学会

中国环境科学学会（英文缩写：CSES）于 1978 年 5 月批准成立，是中国国内成立最早、专门从事环境保护事业的非营利全国性非政府科技社团组织，是中国科协所属的全国一级学会，具有跨部门、跨行业、横向联系广泛的优势和特点。业务主管单位为中国科学技术协会和中华人民共和国环境保护部。

动物打洞疏松了土壤，加速了土壤的风化作用，改善了土壤的水热状况。

3. 提高了土壤质量。经蚯蚓作用的土壤在有效磷、钾、钙含量等多方面都有明显增加。动植物残体经微生物分解和合成含氮的高分子腐殖质化合物，使土壤腐殖质化。

4. 对土壤覆盖层的影响。动物的活动改变了土表的局部形态，如从土层中掘出大量土壤堆积成丘状增加土表面积，排泄物还增加了土壤腐殖质。

基本小知识

购物使用布袋

我们去商店或农贸市场购物，几乎每样物品都会随赠一个塑料袋，回到家后，这些塑料袋往往立即被扔进垃圾箱。作为垃圾，塑料袋离开了我们的家，但是它们并没有在这个世界上消失。在我国的大部分地区，都是随处可见塑料袋，遇到刮风的天气，它们就会在空中飞舞，降落在树枝上、河流中，影响卫生和市容。所以我们要用布袋购物。

草原植被的生态效应

草原植被主要由各种天然杂草或人工牧草及分散生长的树木组成。牧草特别是豆科牧草能改良草原土壤。豆科牧草根部与固氮根瘤菌共生，能将大气中的氮合成含氮化合物，具有生物固氮功能，如每年每公顷草木樨能固氮 127. 5 千克，苜蓿能固氮 330 千克。草原植被每年产生的大量有机物残体经微生物分解后增加了土壤有机质和腐殖质积累。

草原植被

草原植被与森林植被一样，具有涵养水分，保持水土，净化、美化环境的作用，还有一个重要作用是固定流沙。据测定，北方牧场、农闲地与庄稼地土壤冲刷比林地和草地大40~110倍。在降水较多地区，牧草地的保土力为作物地的300~800倍，保水力为作物地的1000倍。我国南方亚热带草山牧场，降雨量大且多暴雨，容易发生水土流失，故牧场只能设在缓坡。近年国家推行草场实行围栏分区轮放，控制适宜的放牧强度和轮放周期，促进牧草再生，实现持续利用，同时防止水土流失与沙漠化。

拓展阅读

保护环境人人有责

环境保护又是指人类有意识地保护自然资源并使其得到合理的利用，防止自然环境受到污染和破坏；对受到污染和破坏的环境必须做好综合治理，以创造出适合于人类生活、工作的环境。环境保护是指人类为解决现实的或潜在的环境问题，协调人类与环境的关系，保障经济社会的持续发展而采取的各种行动的总称。其方法和手段有工程技术的、行政管理的，也有法律的、经济的、宣传教育的等。

广角镜

防治生产和生活的污染

由生产和生活引起的环境污染有很多，包括工业生产排放的“三废”(废水、废气、废渣)、粉尘、放射性物质以及产生的噪声、振动、恶臭和电磁微波辐射，交通运输活动产生的有害气体、液体、噪声，海上船舶运输排出的污染物，工农业生产和人民生活使用的有毒有害化学品，城镇生活排放的烟尘、污水和垃圾等造成的污染。

生态资源大扫描

生物多样性及其保护

SHENGTAI ZIYUAN DASAOMIAO

我国重视对生物多样性的有效保护。2003 年 1 月，中国科学院倡导启动了濒危植物抢救工程，计划在 15 年内将所属 12 个植物园保护的植物种类从 1.3 万种增加到 2.1 万种，并建立总面积为 458 平方公里的世界最大的植物园。拯救濒危野生动物工程也初见成效，全国已建立 250 个野生动物繁育中心，专项实施大熊猫、朱鹮等七大物种拯救工程。

对生物多样性的保护分为几种，一是就地保护，大多是建自然保护区，比如卧龙大熊猫自然保护区等；二是迁地保护，大多转移到动物园或植物园，比如，水杉种子带到南京的中山陵植物园种植等；三是开展生物多样性保护的科学研究，制定生物多样性保护的法律和政策；四是开展生物多样性保护方面的宣传和教育。

生物多样性的概念

生物多样性是指一定时空范围内生物物种及其所携带的遗传信息和其与环境形成的生态复合体的多样化及各种生物学、生态学过程的多样化和复杂性。它是生命系统的基本特征之一。在理论上和实践上研究较多的和较重要的主要有遗传多样性、物种多样性、生态系统多样性和景观多样性四个层次。其中遗传多样性、物种多样性和生态系统多样性是最基本的三个层次。

◎遗传多样性

遗传多样性是指所有生物个体中所包含的各种遗传物质和遗传信息，既包括了同一种的不同种群的基因变异，也包括了同一种群内的基因差异。遗传多样性对任何物种维持和繁衍其生命、适应环境、抵抗不良环境与灾害都是十分必要的。

◎物种多样性

物种多样性是指多种多样的生物类型及种类，强调物种的变异性。物种多样性代表着物种演化的空间范围和对特定环境的生态适应性，是进化机制的最主要产物，所以物种被认为是最适合研究生物多样性的生命层次，也是相对研究较多的层次。物种多样性是人们关于生物多样性的最直观和最基本的认识，常用物种丰富度指数来表示。所谓物种丰富度是指一定面积内种的总数目。种的数目在高级分类阶元之间，如在科或纲之间，差别很大；在不同地理区域之间差别也很大。到目前为止，已被描述和命名的生物种有140万种左右，科学家们对地球上实际存在的生物有机体种的总数估计出入的误差从360万～11000万种，但很多科学家认为1200万种左右可信度比较大。

◎生态系统多样性

生态系统多样性是指生物圈内栖息地、生物群落和生态学过程的多样性，以及生态系统内栖息地差异和生态学过程变化的多样性。在各地区不同物理背景中形成多样的生境，分布着不同的生态系统；一个生态系统其群落由不同的种类组成，它们的结构关系（包括垂直和水平的空间结构，营养结构中的关系，如捕食者与被捕食者、草食动物与植物、寄生物与寄主等）多样，执行的功能不同，因而在生态过程中的作用也很不一致。

生态系统多样性既与生境的变化有关，也与物种本身的多样性和兴旺的程度密切相关。生境提供能量、营养成分、水分、氧和二氧化碳，使整个生态系统正常地执行能量转化和物质循环的复杂过程，从生产、消费到分解，保证物种的持续演变和发展。生物多样性和生态过程（能量转化、水分动态、氮素和营养元素循环、捕食、共生、物种形成等）构成了生物圈的基本组成部分，是人类赖以生存的物质基础。

◎景观多样性

景观多样性是指一定时空范围内景观生态系统类型的丰富性及各景观生态系统中不同类型的景观要素在空间结构、功能机制、时间动态方面的多样化和复杂性。景观多样性是较生态系统多样性更高一层次的多样性。景观多样性主要包括斑块多样性、类型多样性和格局多样性三种类型。斑块多样性是指景观中斑块的数量、大小、形状的多样性和复杂性；类型多样性是指景观中不同的景观类型（如农田、森林、草地等）的丰富度和复杂度；格局多样性是指景观类型空间分布的多样性及各类型之间以及斑块与斑块之间的空间关系和功能联系的多样性。

生物多样性需在上述四个层次上都得到保护。保护的重点应是生态系统的完整性和珍稀濒危物种。生态系统多样性既是物种和遗传多样性的保证，又是景观多样性的基础，生态系统的稳定是物种进化和种内遗传变异的保证。

◎生物多样性的价值

生物多样性对人类具有不可估量的价值，其作用是非常巨大的，是保护人类实施可持续发展战略的重大战略任务。生物多样性具有直接和间接的价值，而且还具有潜在的价值；不仅提供人类所需的各种食品、药物和工业原料，同时还具有保护人类生存环境的功能。如果没有生物多样性，地球上也就不可能有人类。据1997年美国《大自然》杂志估计，生物多样性每年为人类创造了约 33×10^4 亿美元的巨大价值，美国为 3×10^4 亿美元，我国约为 4.6×10^4 亿美元。《生物多样性公约》明确生物多样性像其他资源一样为所在国所有。

人类的生存直接依赖于食物，而食物基本上来源于生物界，人类食用的粮食、油料、肉类、乳类、蔬菜、水果、饮料都来源于生物。人类目前仅利用20多种植物生产粮食，其实许多其他未被人类利用的植物也可以用来培育为人类生产粮食，还有许多植物和动物经人类培育后可以作为人类提供食物的新来源。根据动物分类学，人类属于杂食动物，生物的多样性可以为人类提供食物的多样性；而食物的多样性可以为人类提供营养的多样性；营养的多样性，既可以提高人类食物的稳定性，还可以保证和促进人类的身体健康。

生物界向工业提供了大量的原料。植物提供的工业原料有粮食、棉花、油料、木材、橡胶、树脂等。动物提供的工业原料有肉类、毛皮、蚕丝、乳类等。其实人类已经利用的生物界提供的工业原料类型还较少，生物界中还有许多物种可以为人类再提供新的工业原料。

生物是许多药物的来源，我国传统医学的中草药中绝大部分来自植物和动物。现代医学对动植物的依赖程度也在不断提高。据报道发达国家约有40%的药方中，至少有一种药物来源于生物。许多生物可以直接作为药物，有些生物可以作为药物的配料。现在许多药物虽然可以栽培、饲养或合成，但仍离不开野生生物的原型。即使是野生生物，不同的亚种或变异种，其药用有效成分的

广角镜

湿地的物质生产

湿地具有强大的物质生产功能，它蕴藏着丰富的动植物资源。七里海沼泽湿地是天津沿海地区的重要饵料基地和初级生产力来源。据初步调查，七里海在20世纪70年代以前，水生、湿生植物群落100多种，其中具有生态价值的约40种。哺乳动物约10种，鱼蟹类30余种。芦苇作为七里海湿地最典型的植物，苇地面积达7186公顷，具有很高的经济价值和生态价值，不仅是重要的造纸工业原料，又是农业、盐业、渔业、养殖业、编织业的重要生产资料，还能起到防风抗洪、改善环境、改良土壤、净化水质、防治污染、调节生态平衡的作用。

质量及数量也有很大的差异。随着医学科学的发展，越来越多的生物被发现可作药用。例如，热带森林中的美登木、粗榧、裸实、嘉兰等，都能提取抗癌的药物。研究表明许多海洋无脊椎动物可以用来防治高血压、心脏病、神经错乱以及一些由于病毒引起的疾病。从长远看，许多防治疾病的新药要从生物界中去寻找。总之，生物的多样性，为人类提供了药物的多样性。

生物多样性所具有的旅游观赏价值、科学文化价值是难以用金钱价值估量的。如果自然界没有动植物，也就谈不上旅游和休憩。正是雄奇秀丽的山水，森林和草地，与五颜六色、千姿百态的飞禽走兽和花鸟虫鱼相结合，才构成使人欣赏不尽的美景，不仅丰富了人们的精神生活，也为艺术和科学创造提供了灵感的源泉。人类文化的多样性很大程度上源于生物及其环境的多样性。生物多样性可能提供的旅游观赏方面的娱乐服务包括：森林公园、风景名胜区、自然保护区和其他自然景区的生态旅游；动物园、植物园、自然博物馆、水族馆和其他生物性园圃的参观旅游以及与动植物有关的运动和观赏等。近几年，全球兴起了生态旅游热，我国 1999 年开展了生态旅游为主题的活动，既为保护区筹得发展资金，又对游客进行了热爱环境及保护生物多样性的教育。

生物多样性对现代科学技术的发展具有特殊的贡献。有许多发明创造来自于生物的启示，如仿生学，即源于一些鸟、兽、昆虫等。一些物种引发了人们的灵感，或成为人工智能的仿制原型，如依据响尾蛇的红外线自动用热定位来确定捕捉物位置的原理，成功设计了导弹引导系统；

你知道吗

中国国家湿地公园名录

北京野鸭湖国家湿地公园、新疆赛里木湖国家湿地公园、内蒙古白狼洮儿河国家湿地公园、宁夏银川国家湿地公园、山东滨湖国家湿地公园、安徽太平湖国家湿地公园、湖南东江湖国家湿地公园、湖南水府庙国家湿地公园、湖北大九湖国家湿地公园、浙江杭州西溪国家湿地公园、江苏溱湖国家湿地公园、江西孔目湖国家湿地公园、吉林磨盘湖国家湿地公园、辽宁莲花湖国家湿地公园、青海贵德黄河清国家湿地公园、云南红河哈尼梯田国家湿地公园、广东星湖国家湿地公园、海南新盈红树林国家湿地公园等。

根据昆虫平衡棒具有保持航向不偏离作用的原理，制造了控制高速飞行器和导弹航向稳定作用的振动陀螺仪。此外，动物作为医药等科学研究的实验模型，也为科学技术的发展起着极为重要的作用。

生物多样性的生态价值表现在：植物的光合作用生产有机物质，成为整个地球的生命支持系统；维持全球气体平衡；涵养水源，维持水循环，缓解、减少自然灾害；调节气候、保护农田、保护人类健康；促进土壤形成，保持水土；吸收、分解污染物质，净化环境；美学、娱乐价值，等等。

基因、物种及生态系统的多样性，为人类社会适应自然变化提供了选择的机会和原材料（潜在价值，或称选择价值）。许多动物、植物和微生物种，它们的价值目前还不清楚，如果这些物种遭到破坏，后代人就再没有机会利用或在各种可能性中加以选择。生物多样性消失将会削弱人类社会适应自然变化的能力。因此，保护好生物多样性，对于人类更好地适应未来环境、开辟新的养殖动物和种植植物物种、发现和提取新的药物，为畜禽及农作物品种改良提供遗传物质，控制和治疗疾病等方面提供更多的机会。

近年来，我国科学家对我国生物多样性的经济价值做了研究和评估。中国环境与发展国际合作委员会研究报告提出的中国生物多样性效益及效能的估计值为2470亿~4210亿美元。《中国生物多样性国情研究报告》提出的评估值约为40万亿元人民币。从中我们可以看出，生物多样性的间接价值（生态功能价值）远远大于其直接消费性使用价值。

趣味点击　生长最快的植物

生长在我国云南、广西及东南亚一带的团花树，一年能长高3.5米。在第七届世界林业会议上，被称为“奇迹树”。生长在中南美的轻木，要比团花树长得更快，它一年能长高5米。但是，木本植物生长速度的绝对冠军要算是毛竹（禾本科）。

毛竹从出笋到竹子长成，只要两个月的时间，就高达20米，有六七层楼房那么高。生长高峰的时候，一昼夜能升高1米。因此，有“雨后春笋”的说法。竹子的生长比较特别，是一节节拉长。竹笋有多少节和多粗，长成的竹子就有多少节和多粗。一旦竹子长成，就不再长高了。

生物多样性的现状

地球上的生物多样性是几十亿年进化的结果，是人类宝贵的财富。然而，全球的生态系统正在发生退化和受到破坏，生物多样性面临着严重的威胁。自1600年以来，已有2.1%的哺乳动物、1.3%的鸟类灭绝。据联合国环境规划署报告，目前世界上每分钟有1种植物灭绝，每天有1种动物灭绝，远远高于自然界的本底灭绝速率，而且灭绝的速度越来越快。以鸟类为例，在3500万年前到100万年前，平均每300年有1种灭绝；从100万年到现代，平均每50年有1种灭绝；最近300年间，平均每两年就有1种灭绝；进入20世纪，几乎每年灭绝1种。据国际自然和自然资源保护同盟的统计，目前全球濒临灭绝危险的动物有1000多种，其中鱼类193种、两栖和爬行动物138种、鸟类400多种、哺乳动物305种。农作物品种的消失也十分严重。1949年在我国种植的1万个小麦品种到20世纪70年代初只剩下1000种。在过去的100年中，美国的西红柿品种丧失81%，玉米品种丧失91%。联合国FAO警告说，农作物的均匀化趋势以及生物多样性的丧失将对养活世界上迅速增长的人口构成威胁。我国是生物多样性特别丰富的国家之一，有高等植物30000种，占世界的10%；有脊椎动物6347种，占世界的14%；但生物多样性受到严重威胁。被子植物有珍稀濒危种1000种，极危种28种，已灭绝或可能灭绝7种；裸子植物有珍稀濒危和受威胁种63种，极危种14种，灭绝1种；脊椎动物受威胁433种，灭绝或可能灭绝10种。

生物多样性的丧失常常会减少生态系统的生产力，因而减少自然界向人类提供物质和服务的能力，生物多样性的丧失动摇了生态系统，弱化了生态系统抵御洪水、旱灾和暴风雨等自然灾害及污染、气候改变等人为压力的能力，人类已经花费了大量的金钱抗御由于采伐森林加剧的洪水和暴风雨，这些损失被认为并将随着全球变暖而增加。

生物多样性的下降也在其他方面损害了人类。人类的文化特征深深地扎根于生物环境，植物和动物作为人类世界的一种符号，保留在旗帜、雕塑和其他形象中，以区分人类和人类社会。我们从自然的美丽和力量中汲取灵感，物种的丧失曾经是作为一种自然现象，但物种灭绝的步伐由于人类活动而急剧地加速了。生态系统正在碎化或消失，无数的物种数量正在减少或已经灭绝，我们正在制造自6500万年前灭绝恐龙的自然灾难以来最大的灭绝危机，这种灭绝是不可逆转的，并且正降临在粮食作物、药品和其他生物资源上，给人类健康带来威胁。如果不明白人类生命的支持系统正在逐步地瓦解，那将是鲁莽的；把其他的生命推向灭绝的边缘是不道德的，也剥夺了当代人和子孙的生存和发展。

自然界中成长起来的人类已经给生物界和人类自身的前景造成越来越多的伤害，解决问题必须从人类自身寻找，生物多样性危机的根源不在自然的森林或海洋，而是万物之灵人类以人为本的生活方式和道德观念上。我们能够拯救世界的生态系统和那些我们珍视的物种及其他无数未知的物种吗？它们之中可能将在明天会成为人类的食品和药品。答案在于人类，在于人类之中的每一员。

分析生物多样性丧失的原因，有下面三个方面：

◎ 栖息地的丧失

栖息地的丧失和片断化是对生物多样性最大的威胁。生境的丧失对现今物种的灭绝起了主要作用。近百年内，森林面积大幅度减少，湿地被排干，许多物种失去了相依为命的、赖以生存的家——生态环境。目前的生物种类大约一半以上生存在热带雨林。但是由于人类活动，地球上的原始森林已从19世纪的55亿公顷减少到现在的不足28亿公顷。生境片断化是一个面积大而连续的生境被分割成两个或更多小块残片并逐渐缩小的过程。多种人类活动都可能导致生境片断化，如铁路、公路、水沟、电线网络、树篱、农田、房屋建筑以及其他可能限制生物自由活动的分割物。片断化的生境在几何形状上与原生境有两个主要的差别，即片断化生境具有更大的边缘面以及各个残片的中心距边缘更近。正是片断化生境的这两个特征极大地影响了地球上生物的多样性。

◎ 环境污染

被石油污染的企鹅

环境污染也是引起生物生存危机的主要原因，农药杀虫剂的大量使用造成一些物种的濒危或绝灭，尤其是位于食物链顶位的猛禽受影响最为严重。据统计，目前全世界已有三分之二的鸟类生殖力下降，栖息地污染无疑是造成这一现象的重要原因。油污染和铅中毒对水禽也已造成越来越大的威胁，据统计，目前每年至少有 10 万水鸟死于石油污染。

最微妙的环境退化是环境污染，其最普通的原因就是：矿业和人类居住地释放的杀虫剂、化学品和污水，工厂和汽车排出的废气以及由被侵蚀的山坡沉积下来的淤泥。污染对水质量、空气质量甚至地区气候的全面影响引起了极大的关注，不仅因为它威胁到生物适应性，而且因为它影响人类健康。

◎ 外来种的引入

外来种的入侵是生物多样性丧失的另一个原因。全球经济活动促进了贸易和交通系统的发展，也引起了外来种入侵的问题。生物入侵将对当地原有生物群落和生态系统造成极大威胁，导致群落结构变化、生境退化，导致生物多样性下降。例如，福建沿海在 20 世纪 80 年代引进互花米草作为海滩护堤植被和牧草，但由于互花米草在新的环境中繁殖力极强，迅速蔓延，结果严重破坏了海滩养殖业和生物群落。

处于特殊的生态地理环境下的岛屿，其生态系统相对脆弱，极易受外来种的干扰。夏威夷每年约有 20 种无脊椎动物传入并在那里建立种群，其中一半是有害种，严重危害岛上的农业、林业及人类的健康。

生物多样性的保护和管理的目标是通过不减少基因与物种多样性，不毁坏重要生境和生态系统的方式，保护和利用生物资源，以保证生物多样性可持续利用和人类社会的可持续发展。由于生物多样性丧失和遭受威胁的因素复杂多样。因此，保护生物多样性的途径也不尽相同。

目前，世界不少国家为保护生物多样性的永续利用，维持生态系统的相对稳定性，保护人类生存环境等方面曾做出过种种努力，采用过诸如经济的、行政的、技术的措施等，虽已收到一定成效，但却未解决根本问题。世界环境与发展委员会 1992 年在巴西会议上明确指出，如果要想永续利用生物资源，保护生物多样性，各国政府必须制定一套完整的保护生物多样性的政策和法律条文。这些政策和法规包括国际的、国家的和地方的。各国在制定有关政策法规之前，必须制定一套符合本国国情的自然保护战略，为生物多样性保护工作长期稳定均衡发展，奠定一个坚实的基础。

全球生物多样性保护进程中具有划时代意义的《生物多样性公约》于1992年6月5日在巴西里约热内卢召开的联合国环境与发展会议上公布，并于1993年12月29日生效。该公约是全面探讨生物多样性的第一个全球性协议，也是解决生物多样性问题的重要国际文件。它为可持续利用和生物多样性以及公平地分享使用遗传资源提供了一个全面的方案。

外侵物种互花米草

知识小链接

提供动物栖息的湿地

湿地复杂多样的植物群落，为野生动物尤其是一些珍稀或濒危野生动物提供了良好的栖息地，是鸟类、两栖类动物的繁殖、栖息、迁徙、越冬的场所。沼泽湿地特殊的自然环境是能使鸟类在这里获得特殊的享受，因为水草丛生的沼泽环境，为各种鸟类提供了丰富的食物来源和营巢、避敌的良好条件。

在湿地内常年栖息和出没的鸟类有天鹅、白鹳、鹈鹕、大雁、白鹭、苍鹰、浮鸥、银鸥、燕鸥、苇莺、椋鸟等约200种。而且该湿地是西伯利亚和东北地区鸟类南迁越冬的中途站。

我国是世界上生物多样性最丰富的国家，也是最早签署和批准公约的国家之一。自1993年该公约正式生效实施和我国政府正式批准公约以来，我国政府为保护生物多样性和履行公约，积极认真地开展了一系列卓有成效的工作。（1）建立了国家统一监管和部门分工负责相结合的国家协调机制。成立了以国家环保总局牵头，有国务院20个部门参加的中国履行《生物多样性公约》工作协调组，并在国家环保总局成立《生物多样性公约》履约办公室，建立了国家履约联络点、国家履约信息交换所联络点和国家生物安全联络点。（2）加强了立法和执法。为控制生物多样性锐减的趋势，我国已制定和颁布了生物多样性保护法律、法规20多项，基本形成了保护生物多样性的法律体系。各有关部门和地方政府每年都联合或分别组织一系列执法检查，严厉打击和查处破坏生物多样性的违法活动，使中国生物多样性保护初步走上有法可依、依法管理的轨道。我国在生物多样性保护方面已做了大量工作，但仍需继续努力，以确保我国生物资源永续开发利用，缓解人口急剧增长与资源枯竭的矛盾。

生物多样性是地球生命发展进化的结果，是大自然赋予人类的宝贵财富，是人类赖以生存的物质基础，更是人类起源和进化的基础。因此，从某种意义上讲，保护生物多样性就是保护人类自己。然而，这些最基本的道理，有许多人却不知道。不少政府官员和广大群众对生物多样性概念、生物多样性保护的重要性以及有关的法律法规还比较陌生，缺乏生物多样性保护应有的基本知识和保护意识，因此，在生物多样性保护中，加强宣传教育工作势在必行。国家各级政府和有关部门必须利用大众宣传媒介进行广泛的宣传，同时，在各级各类学校中进行正规教育。总之，可以通过各种途径提高全民保护生物多样性的意识，使之懂得保护生物多样性的必要性和破坏生物多样性的后果。

研究生物多样性是保护生物多样性的基础。第一，做好濒危物种现状调查。要保护物种必须首先掌握各物种的分布、生境、数量、濒危原因、利用状况和已采取或拟采取的保护措施等，并建立濒危物种的档案资料。根据物种濒危程度划分为绝迹、濒危、易危、稀有、未定、正常等不同等级，并汇编濒危物种名录。制订濒危物种拯救保护计划，根据物种濒危程度分别轻重缓急，有计划地开展科学研究，采取有效的保护措施。第二，用人工饲养和繁殖濒危野生动植物。对于数量已经下降到仅仅靠采取保护栖息地的措施已难以避免使其达到灭绝程度的动物，必须采取其他更为有效

你知道吗

人工湿地

人工湿地包括。①水产池塘，例如鱼、虾养殖池塘。②水塘，包括农用池塘、储水池塘，一般面积小于8公顷。③灌溉地，包括灌溉渠系和稻田。④农用泛洪湿地，季节性泛滥的农用地，包括集约管理或放牧的草地。⑤盐田，如晒盐池、采盐场等。⑥蓄水区，如水库、拦河坝、堤坝形成的一般大于8公顷的储水区。⑦采掘区。积水取土坑、采矿地。⑧废水处理场所，如污水场、处理池、氧化池等。⑨运河、排水渠。输水渠系；此外，还有人工管护的岩溶洞穴水系等。

的迁地保护措施。其措施之一就是建立野生动物库，即靠人工饲养和繁殖来保存濒危的野生动物，并在适当时机恢复其野生种群。

生物多样性研究已得到世界各国的普遍关注。早在20世纪80年代就已开始，最初唤起人们警觉的是那些大型的濒危动物，当时世界自然保护联盟（IUCN）提出的保护都是对这些大型动物的。后来人们逐渐认识到保护一个物种，首先要保护它的栖息地和它所在的生态系统，于是保护的重点逐渐由单纯保护物种转移到保护关键地区的生态系统。1996年7月6个国际组织共同提出了国际生物多样性科学研究计划。该计划提出了5个核心研究计划和5个特殊研究领域。其中5个核心研究计划是：(1) 生物多样性的生态系统功能。(2) 生物多样性的起源、维持和变化。(3) 生物多样性的编目和分类。(4) 生物多样性的监测。(5) 生物多样性的保护、恢复和可持续利用。5个特殊研究领域是：(1) 土壤和沉积物的生物多样性。(2) 海洋生物多样性。(3) 微生物生物多样性。(4) 淡水生物多样性。(5) 人类对生物多样性的影响。

生物多样性保护是一个全球性行动计划，广泛开展国际合作是当代保护生物多样性的又一重要途径。它不仅可以促进生物资源的开发与保护，而且可促进科学的发展。在生物多样性保护中，广泛开展国际合作是由生物多样性本身的特性所决定的。首先，生物多样性衰竭所产生的恶果，带来的灾害，往往是全球性的；其次，某些生物资源的存在不受国界的限制，例如一些候鸟及迁徙的鸟类，其活动范围及迁徙路线往往跨越几个国家；再次，有些生物资源和自然资源则属各国公有，例如公海中的生物资源为人类公有资源。

拓展阅读

假如没有森林

如果没有森林，陆地上绝大多数的生物会灭绝，绝大多数的水会流入海洋；大气中氧气会减少、二氧化碳会增加；气温会显著升高，水旱灾害会经常发生。

森林尤其是原始森林被大面积砍伐，无疑会影响和破坏森林的生态功能，造成当地和相邻地区的生态失调、环境恶化，导致洪水频发、水土流失加剧、土地沙化、河道淤塞乃至全球温室效应增强等问题。

覆盖在大地上的郁郁葱葱的森林，是自然界拥有的一笔巨大而又最可珍贵的“绿色财富”。

生态资源大扫描

我国自然资源现状

SHENGTAI ZIYUAN DASAOMIAO

20 世纪 80 年代以来，生态危机的全球特征引发了人类对自身发展危机的严重思考，认识到发展现代生产力，必须走以生态生产力为基础并使之与社会生产力相适应的协调发展之路，社会经济发展必须与自然生态及环境状况相协调，必须考虑到生态环境改变对社会经济的决定作用。从资源总量看，我国是一个资源大国，品种丰富，一些重要资源拥有量位居世界前列。但从人均资源占有量看，我国又是一个“资源小国”，低于世界平均水平。

我国自然资源特点

我国幅员辽阔，拥有960多万平方千米的土地面积和300万平方千米的管辖海域，各类自然资源比较丰富。自然资源总的特征是：门类齐全，总量较大，但人均占有量却十分有限，资源相对不足且后备资源少；各类资源的质量相差悬殊，国际竞争力较差；地区分布不均衡，地域差异较大；区域资源组合不理想，资源配置不合理。

我国国土面积辽阔，人均相对数量少；土地类型多样，资源分布不均衡；山地丘陵居多，耕地后备资源少。土地资源总面积居世界第三位，其中耕地面积13亿公顷，居世界第六位，但人均占有土地和耕地面积只相当于世界人均水平的三分之一。全国近50%的耕地分布在山区和丘陵地区，90%以上的耕地集中在东部，耕地中旱田又占了四分之三。耕地生产力水平不高，耕地质量不断退化且后备资源不足。土地利用中存在的问题主要是耕地面积逐年减少，部分耕地质量降低；水土流失严重，沙化现象扩展；土地重用轻养，破坏污染严重。

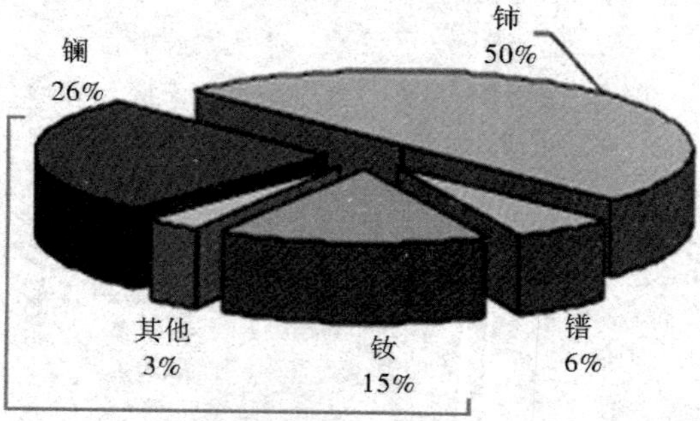

我国稀土矿块状图

淡水资源总量为28124亿立方米，居世界第四位，人均占有淡水只有2500立方米，仅为世界平均水平的28%。淡水资源在地域分布上极不平衡，南多北少，南方占全国的81%，北方占全国的19%。北方地区严重缺水，水资源不足在北方地区已成为社会经济发展的重要制约因素之一。水资源量的年际和季节变化很大，水旱灾害频繁。水资源开发利用与保护中存在的问题主要是水资源供需矛盾突出，农业平均每年因灌溉供水不足而减产粮食50多亿斤，全国缺水城市达300多个，日缺水量1000万吨以上。部分地区地下水严重超采；全国大部分地区的淡水资源供给受到水质恶化和水生态系统破坏的威胁，水流域污染严重；不合理的开采引起部分地面沉降；河流泥沙淤积，增加了防洪困难。

我国的矿产资源具有以下特点：1. 矿种多、探明储量多，但人均占有量却居世界后列。已发现168种矿产资源，有探明储量的153种，矿产地1.6万余处。其中45种主要矿产的潜在价值仅次于俄罗斯和美国，居世界第三位。我国的钨、锡、铋、锑、钒、钴、稀土、菱镁矿、石棉、石墨等10余种矿产的工业储量居世界首位；铁、煤、铅、锌、铜、铂族、汞、

内蒙古高原

磷、硼、硫、天然碱、重晶石等12种矿产的工业储量居世界前五位。占世界总储量15%以上的矿产有钨、锡、钛、钒、钼、锑、稀土、磷、硫、菱镁矿、石棉、石墨等13种，煤的储量也接近15%。尤其是在被誉为21世纪资源的稀土方面，我国拥有世界储量的80%以上。但同时，我国矿产资源的人均占有量仅为世界人均水平的58%，居世界第五十三位。2. 共伴生矿多，组分复杂的综合矿多。我国含钒、钛、锡、铜的综合铁矿，占铁矿总量的四分之一以上。铜矿储量将近四分之一是伴生铜，金矿储量中伴生金占43%。煤矿中也往往伴生有硫铁矿、铝土矿、高岭土矿等。3. 不少矿产贫矿多，难采、难选冶的矿多，富矿少。4. 矿产分布具有明显的地域差异。如煤炭74%的保有储量集中于山西、陕西、内蒙古和新疆四省区，磷矿中70%的保有储量集中于云南、贵州、四川和湖北四省，铁矿主要集中于辽宁、河北、山西和四川4省。5. 中小型矿床多，不利于规模开发。

能源品种齐全，总储量较多，但人均储量少。其中煤炭已探明储量10000多亿吨，居世界第三位，人均占有量为世界人均水平的70%；石油和天然气储量分别居世界第十位和第九位，而人均占有量仅为世界人均水平的十分之一和4‰；水能资源总量为6.76亿千瓦，居世界首位，但人均占有量只有世界人均水平的63%。我国能源与经济布局不相匹配，近80%的能源资源分布于西部和北部地区，而60%的能源消费发生在东南部地区。一方面能源消费

水平较低，甚至低于世界平均水平，另一方面能源供应仍然不足，经济发展一直受到程度不同的能源短缺的困扰。能源生产和消费结构不合理，石油、天然气后备资源不足，以煤为主的能源结构在相当长的时期内将继续存在，由此对生态环境和交通运输带来更大的压力。

基本小知识

中国环境文化促进会

中国环境文化促进会（英文缩写：CECPA）隶属于我国环境保护部，是具有社团法人资格的跨地区、跨部门、非营利性质的全国性环境文化组织。该会由社会各界专家学者、文学家、艺术家、新闻工作者、宣传教育工作者、企业家及社会知名人士等自愿加盟组成。

我国的森林资源具有以下特点：1. 树种和森林类型繁多，乔灌木树种约有8000种，其中乔木2800多种。我国是世界上珍贵树种最多的国家，松香、桐油、生漆、樟脑等林产品的产量居世界首位。我国拥有各类针叶林、针阔混交林、落叶阔叶林、热带雨林以及它们的各种次生类型。2. 森林面积小、覆盖率低。森林面积为13亿公顷，森林覆盖率13%，占世界森林面积的3%～4%。森林蓄积量90多万立方米，但人均占有量只有世界人均水平的七分之一。3. 地区分布不均衡。黑龙江、吉林、四川、云南以及西藏东部，土地面积只占全国的20%左右，森林面积却占全国的50%，森林蓄积量占75%；而人口稠密、经济较发达的华北、中原和长江、黄河下游地区，森林资源分布却很稀少，只占全国

你知道吗

国际湿地日

2月2日为国际湿地日。根据1971年在伊朗拉姆萨尔（RAMSAR）签订的《关于特别是作为水禽栖息地的国际重要湿地公约》，湿地是指“长久或暂时性沼泽地、泥炭地或水域地带，带有静止或流动、或为淡水、半咸水、咸水体，包括低潮时不超过6米的水域”。湿地对于保护生物多样性，特别是禽类的生息和迁徙有重要的作用。

林地面积的4%；西北干旱半干旱地区，包括新疆、青海、宁夏、甘肃以及内蒙古和西藏的中、西部，土地面积约占全国的一半，森林面积只占全国的6.2%。4. 结构不够合理。防护林的面积太少，不利于保护生态环境；有林面积增加但用材林面积减少，森林蓄积量持续下降；用材林成熟林蓄积量锐减，林龄结构向低龄化转变。存在的问题主要是砍伐过度，毁林开荒严重，森林更新严重滞后；森林火灾频繁，病虫害严重；综合利用较差，资源利用率低。我国草地面积总量为40000万公顷，居世界第二位。其中优质草场约占18%，中等草场约占40%，低劣草场约占36%，但人均草地仅为世界人均水平的二分之一。主要分布于东北平原西部、内蒙古高原、黄土高原至青藏高原南缘一线以西，草原类型有草甸草原、干旱草原和荒漠草原，在青藏高原上还有高寒草原。在可利用的草原中，多数草原资源质量不高，其中大多数处于干旱地区，缺水的近30%，86%以上的草原分布在西北干旱和半干旱地区。在草地总面积中，丰蕴的资源仅为四分之一。存在的问题主要是草场沙化、碱化、退化严重，生产能力差，商品率低。

我国的海洋资源也极为丰厚。我国濒临太平洋，有沿海城市114个，大陆和岛屿海岸线长32000千米，沿海滩涂面积20799平方千米，6500多个岛屿，应归属中国管辖的大陆架和专属经济区面积达300多万平方千米，在世界沿海国家中居第九位。我国海洋资源极其丰富，凡世界大洋中具有的资源，我国近海海域内大都具有。海洋生物资源、海底矿产资源、海水化学资源和海洋动

广角镜

我国的内陆湿地

我国的内陆湿地包括，永久性内陆三角洲：内陆河流三角洲。永久性的河流：包括河流及其支流、溪流、瀑布。时令河：季节性、间歇性、定期性的河流、溪流、小河。湖泊：面积大于8公顷永久性淡水湖，包括大的牛轭湖。时令湖：大于8公顷的季节性、间歇性的淡水湖，包括漫滩湖泊。盐湖：永久性的咸水、半咸水、碱水湖。时令盐湖：季节性、间歇性的咸水、半咸水、碱水湖及其浅滩。灌丛湿地：灌丛沼泽、灌丛为主的淡水沼泽，无泥炭积累。淡水森林沼泽：包括淡水森林沼泽、季节泛滥森林沼泽、无泥炭积累的森林沼泽。淡水泉及绿洲等。

力资源的蕴藏量都很大。海洋石油资源量约 240 亿吨，天然气资源量约 14 亿立方米，海滨砂矿种类达 60 种以上，探明储量为 31 亿吨。海洋生物资源种类繁多，在 20000 种以上，浅海滩涂生物约 2600 种。海洋可再生能源蕴藏量 6.3 亿千瓦。海洋水产品产量占世界第五位，人均占有资源为世界人均水平的四分之一。

我国动物资源丰富，种类繁多。我国是世界上动物种类最多的国家，约有 10.45 万种。其中昆虫约 10 万种；鱼类 2200 多种；兽类 450 多种，约占世界总数的 11%；鸟类 1186 种，占世界总数的 14.4%，是世界上拥有鸟类种数最多的国家；两栖类 210 多种，爬行类 320 种，分别占世界总数的 7% 和 5%；我国的生物多样性在全球居第八位。

我国自然资源面临的挑战

我国是世界资源大国和人口大国，又是一个发展中国家。对我国的资源问题要从三个方面来分析：1. 要看到资源问题的严峻性。由于人口众多，经济发展对资源的需求日益增长，资源供需矛盾将十分尖锐。资源利用效益不高，环境代价大，资源管理不够完善等问题也普遍存在，从而加剧了资源基础的削弱和恶化。2. 要看到这些问题是发展中的问题，或者说，是发展中国家在摆脱贫困、走向工业化过程上难以避免的问题。3. 我国资源问题正在逐步解决中，我国资源问题及其解决将对世界产生重大影响。

在以上 3 个观点的前提下，我们侧重地分析一下我国资源及其开发利用的基本问题：

◎土地资源

土地资源是指已经被人类所利用和可预见的未来能被人类利用的土地。土地资源既包括自然范畴，即土地的自然属性，也包括经济范畴，即土地的社会属性，是人类的生产资料和劳动对象。

土地资源指目前或可预见到的将来，可供农、林、牧业或其他各业利用的土地，是人类生存的基本资料和劳动对象，具有质和量两个内容。在其利用过程中，可能需要采取不同类别和不同程度的改造措施。土地资源具有一定的时空性，即在不同地区和不同历史时期的技术经济条件下，所包含的内容可能不一致，如大面积沼泽因渍水难以治理，在小农经济的历史时期，不适宜农业利用，不能视为农业土地资源。但在已具备治理和开发技术条件的今天，即为农业土地资源。由此，有的学者认为土地资源包括土地的自然属性和经济属性两个方面。

土地资源是在目前的社会经济技术条件下可以被人类利用的土地，是一个由地形、气候、土壤、植被、岩石和水文等因素组成的自然综合体，也是人类过去和现在生产劳动的产物。因此，土地资源既具有自然属性，也具有社会属性，是“财富之母”。土地资源的分类有多种方法，在我国较普遍的是采用地形分类和土地利用类型分类：

（1）按地形，土地资源可分为高原、山地、丘陵、平原、盆地。这种分类展示了土地利用的自然基础。一般而言，山地宜发展林牧业，平原、盆地宜发展耕作业。

（2）按土地利用类型，土地资源可分为已利用土地枣耕地、林地、草地、工矿交通居民点用地等；宜开发利用土地枣宜垦荒地、宜林荒地。宜牧荒地、沼泽滩涂水域等；暂时难利用土地枣戈壁、沙漠、高寒山地等。这种分类着眼于土地的开发、利用，着重研究土地利用所带来的社会效益、经济效益和生态环境效益。评价已利用土地资源的方式、生产潜力，调查分析宜利用土地资源的数量、质量、分布以及进一步开发利用的方向途径，查明目前暂不能利用土地资源的数量、分布，探讨今后改造利用的可能性，对深入挖掘土地资源的生产潜力，合理安排生产布局，提供基本的科学依据。

土地荒漠化

它有如下7个特征：

①土地资源是自然的产物。

②土地资源的位置是固定的，不能移动。

③土地资源的区位存在差异性。

④土地资源的总量是有限的。

⑤土地资源的利用具有可持续性。

⑥土地资源的经济供给具有稀缺性。

⑦土地利用方向变更具有困难性。

我国的内陆土地面积为960多万平方千米，在世界上继俄罗斯、加拿大之后居第三位。

根据土地利用变更调查结果，全国耕地12208.27万公顷，园地1154.90万公顷，林地23574.11万公顷，牧草地26214.38万公顷，其他农用地2553.09万公顷，居民点及独立工矿用地2601.51万公顷，交通运输用地230.85万公顷，水利设施用地359.87万公顷，其余为未利用地。与2004年相比，耕地面积减少0.30%，园地面积增加0.31%，林地面积增加0.30%，牧草地面积减少0.21%，居民点及独立工矿用地面积增加1.11%，交通运输用地面积增加3.37%，水利设施用地面积增加0.26%。2005年全国耕地净减少36.16万公顷。其中，建设占用耕地13.87万公顷，另外，查出往年已经建设但未变更上报的建设占用耕地面积7.34万公顷；灾毁耕地5.35万公顷；生态退耕39.04万公顷；因农业结构调整减少耕地1.23万公顷，土地整理复垦开发补充耕地30.67万公顷。土地整理复垦开发补充耕地面积为建设占用耕地的144.56%。

全年新增建设用地43.2万公顷。其中，新增独立工矿（包括各类开发区、园区）建设用地15.11万公顷，新增城镇建设用地9.82万公顷，新增村庄建设用地6.66万公顷，新增交通、水利等基础设施建设用地10.76万公顷。

切实加强耕地特别是基本农田保护。国务院办公厅下发《省级政府耕地保护责任目标考核办法》，明确各省（区、市）政府对本行政区域内的耕地保有量和基本农田保护面积负责。会同农业部、发展改革委、财政部、建设部、水利部、国家林业局等六部委制定下发《关于进一步做好基本农田保护有关工作的意见》。下发《关于开展设立基本农田保护示范区工作的通知》，发挥典型示范作用，全面提升基本农田保护工作水平。下发《关于加强和改进土地开发整理工作的通知》和《2005年国家投资土地开发整理项目指南》。全年共备案国家投资土地开发整理项目1326

个，项目建设总规模129.12万公顷，其中，位于粮食主产区项目个数和建设规模分别占47%和53%。下发《关于开展补充耕地数量质量按等级折算基础工作的通知》，采用更加严格措施改进耕地占补平衡工作。

大力推进节约集约用地。开展全国存量用地调查，查明到2004年年底，全国城镇规划范围内共有闲置土地7.20万公顷，空闲土地5.48万公顷，批而未供土地13.56万公顷，3类土地总量为26.24万公顷，占城镇建设用地总量的7.8%。切实执行建设用地“六个不报批”和“八个必须”要求，核减建设用地4631.9公顷。总结和大力推广100个节约集约用地典型，制定促进节约集约用地新政策。从严控制土地供应总量，严格审核开发区、出口加工区、保税区等24个。

土地管理为经济建设服务。全年审批建设用地34.68万公顷，其中国务院批准用地14.93万公顷，省级批准用地19.75万公顷；工矿仓储、住宅等分批次建设用地16.00万公顷，交通运输、水利设施等单独选址建设用地18.68万公顷。

土地管理基础业务建设明显加强。《土地利用分类》国家标准已正式报国家标准化管理委员会。制订全国第二次土地调查工作方案。18个省（区、市）开展土地更新调查，1526个县（市）建立土地利用现状数据库，城市市区地籍调查完成82.24%。国有土地使用证发证率达76.38%，集体土地所有权发证率达33.19%，集体土地使用证发证率达70.69%。25个省（区、市）开展农用地分等定级与估价工作，13个通过验收。

完善土地市场体系和制度。继续扩大土地有偿使用覆盖面。继续完善国有土地出让制度。全国共出让土地面积16.32万公顷，出让价款5505.15亿元。其中，招拍挂出让面积和出让价款分别为5.72万公顷和3920.09亿元，分别占出让总面积和总价款的35.06%和71.21%。加强土地储备制度建设。加强土地市场监测和地价管理。根据1000多个县（市、区）土地市场动态监测结果，土地供应来源结构56%属于存量用地，44%属于新增用地；用途结构43.33%属于工矿仓储用地，30.56%属于房地产开发用地，26.11%属于其他用地；房地产开发用地中，商业服务业用房占29.2%，普通商品住宅占48.7%，经济适用房占9.3%，高档公寓占0.2%，其他住房占12.6%。系统提出房地产市场土地供应政策。

目前我国土地问题严峻，主要表现在以下两个方面：

（1）植被破坏。森林是生态系统的重要支柱。一个良性生态系统要求森林覆盖率达13.9%。尽管建国后开展了大规模植树造林活动，但森林破坏仍很严重，特别是用材林中可供采伐的成熟林和过熟林蓄积量已大幅度减少。同时，大量林地被侵占，1984~1991年全国年均达837万亩，呈逐年上升趋势，在很大程度上抵消了植树造林的成效。草原面临严重退化，沙化、碱化，加剧了草地水土流失和风沙危害。

（2）土地退化。我国是世界上土地沙漠化较为严重的国家，近十年来土地沙漠化急剧发展，20世纪50~70年代年均沙化面积为1560平方千米，20世纪70—80年代年均扩大到2100平方千米，总面积已达20.1平方千米。多年来我国初步治理了50多万平方千米，而目前水土流失面积已达179万平方千米。我国的耕地退化问题也十分突出。如原来土地肥沃的北大荒地带，土壤的有机质已从原来的5%~8%下降到1%~2%（理想值应不小于3%）。同时，由于农业生态系统失调，全国每年因灾害损毁的耕地约200万亩。

我国荒漠化面积大、分布广、类型多，目前全国荒漠化土地面积超过262.2万平方千米，占国土总面积的27.3%，其中沙化土地面积为168.9万平方千米，主要分布在西北、华北、东北13个省区市。

荒漠化及其引发的土地沙化被称为“地球溃疡症”，危害表现在许多方面，已成为严重制约我国经济社会可持续发展的重大环境问题。据统计，我国每年因荒漠化造成的直接经济损失达540亿元，相当于1996年西北五省区财政收入总和的3倍，平均每天损失近1.5亿元。新中国成立以来，全国共有1000万公顷的耕地不同程度地沙化，造成粮食损失每年高达30多亿千克。在风沙危害严重的地区，许多农田因风沙毁种，粮食产量长期低而不稳，群众形象地称为“种一坡，拉一车，打一箩，蒸一锅”。在内蒙古自治区鄂托克旗，30年间流沙压埋房屋2200多间，近700户村民被迫迁移他乡。

目前我国耕地的特点是：

①人均耕地面积小

我国虽然耕地面积总数较大，但人均占有耕地的面积相对较小，只有世界人均耕地面积的四分之一。到1995年，人均耕地面积大于0.13公顷的省、自治区，主要集中于我国的东北、西北地区，但这些地区水热条件较差，耕地生产水平低。相对自然和生产条件好的地区如上海、北京、天津、湖南、浙江、广东和福建等人均耕地面积小于0.07公顷，有些地区如上海、北京、广东和福建等甚至低于联合国粮农组织提出的人均0.05公顷的最低界限。该组织认为低于此限，即使拥有现代化的技术条件，也难以保障粮食自给。

②分布不均匀

综合气候、生物、土壤、地形和水文等因素，我国耕地大致分布在东南部湿润区、半湿润季风区、西北部半干旱区、干旱内陆区和西部的青藏高原区。东南部湿润区和半湿润季风区集中了全国耕他的90%以上。

③自然条件差

我国耕地质量普遍较差，其中高产稳产田占三分之一左右，低产田也占三分之一。其中涝洼地有约400×10^4公顷，盐碱地有约400×10^4公顷，水土流失地670×10^4公顷。而且耕地地力退化迅速，加上由于污水灌溉和大面积施用农药等原因，耕地受污染严重，加剧了耕地不足的局面。

这一特点使我国耕地面临的压力是巨大的：中国依靠占世界7%的耕地养活了世界22%的人口，是一项具有世界意义的伟大成就。另外，这一现实也表明中国耕地资源面临的严峻形势，耕地不足是中国资源结构中最大的矛盾。

总之，中国单位面积耕地的人口压力巨大，目前已是世界平均水平的2.2倍。因此，我国的可持续发展在很大程度上依赖于耕地的保护。

◎草地资源

在20世纪80年代进行的首次全国统一草地资源调查资料显示，我国有天然草地面积33099.55万公顷（为可利用草地面积，下同）小于澳大利亚（澳大利亚为43713.6万公顷），比美国大（美国为24146.7万公顷），为世界第二草地大国。

天然草地在全国各地均有分布，从行政省区来看，西藏自治区草地面积最大，全区有7084.68万公顷，占全国草地面积的21.40%；依次是内蒙古自治区、新疆维吾尔自治区、青海省，以上四省区草地面积之和占全国草地面积的64.65%。草地面积达1000万公顷以上的省区还有四川省、甘肃省、云南省；其他各省区草地面积均在1000万公顷以下；又以海南、江苏、北京、天津、上海五省（市）草地面积较小，均在100万公顷以下。

我国人工草地不多，据1997年统计，全国累计种草保留面积1547.49万公顷，这其中包括人工种草、改良天然草地、飞机补播牧草三项。如果将后两项看作半人工草地，即我国人工和半人工草地面积之和也仅占全国天然草地面积的4.68%。我国人工草地和半人工草地虽不多，但全国各省区都有，以内蒙古自治区最大，有443.34万公顷，达到100万公顷以上的依次有四川省、新疆维吾尔自治区、青海省和甘肃省。各地人工种植和飞播的主要牧草有苜蓿、沙打旺、老芒麦、披碱草、草木樨、羊草、黑麦草、象草、鸡脚草、聚合草、无芒雀麦、苇状羊茅、白三叶、红三叶，以及小灌木柠条、木地肤、沙拐枣等。在粮草轮作中种植的饲草饲料作物有玉米、高粱、燕麦、大麦、蚕豆及饲用甜菜和南瓜等。由于人工草地的牧草品质较好，产草量比天然草地可提高3~5倍或更高，因而在保障家畜饲草供给和畜牧业生产稳定发展中起着重要的作用。

我国国土面积辽阔、海拔高差悬殊、气候千差万别，形成了多种的草地类型，全国首次统一草地资源调查将全国天然草地划分为18个草地类，824个草地型。

在组成全国各类草地中，高寒草甸类草地面积最大，全国有5883.42万公顷，占全国草地面积的17.77%。这类草地集中分布在我国西南部青藏高原及外缘区域。依次是温性草原类草地、高寒草原类草地、温性荒漠类草地。三类草地各自占全国草地面积10%左右，以上四类草地面积之和可占到全国草地面积的一半，且主要分布在我国北方和西部。下列五类草地面积较小，分别是高寒草甸草原类、高寒荒漠类、暖性草丛类、干热稀树灌草丛类和沼泽类草地，它们各自面积占全国草地面积均不超过2%。其余各类草地面积占全国草

触目惊心的植被破坏

地面积在2% ~7%，居于中等。

由于我国长期以来对草地资源采取自然粗放经营的方式，重利用、轻建设，重开发、轻管理，草地资源面临严重的危机。主要表现为：

（1）过牧超载、乱砍滥垦，草原破坏严重。草原建设缺乏统一计划管理，投入少，建设速度很慢。草原退化、沙化、碱化面积日益发展，生产力不断下降。

（2）草原土壤的营养锐减，草原动植物资源严重破坏，草原生产力下降。草原生态环境恶化。

（3）草地牧业基本上是处于原始自然放牧利用阶段，草地资源的综合优势和潜在生产力未能有效发挥。牧区草原生产率仅为发达国家（如美国、澳大利亚等）的5% ~10%。

◎淡水资源

在影响社会经济发展和人民生活的各种要素中，淡水资源占有极为特殊的地位。今天的人类，可以没有石油，可以没有电力，也可以没有煤炭，但绝对不能没有淡水。因为人类没有石油电力煤炭这些东西，照样可以生存，至多回到刀耕火种的年代；但这个世界上如果没有了水，我们人类连同这个世界就会一同消亡。所以，淡水资源，不仅制约着社会经济的发展，而且制约着人类的生存和生存质量，它的作用，是任何其他资源无法替代的。所以，淡水资源保护是一个国家为了满足淡水资源可持续利用的需要，维护淡水资源的正常使用功能和生态功能，采取经济、法律、行政科学的手段合理地安排淡水资源的开发利用，并影响淡水资源的经济、生态属性的各种行为进行干预的活动。水污染、水源枯竭，水流阻塞和水土流失，以满足社会实现经济可持续发展对淡水资源的需求。在水量方面应全面规划、统筹兼顾、综合利用、讲求效益，发展淡水资源的多种功能。注意避免水源枯竭、过量开采。同时，也要顾及环境保护要求和生态改善的需要。在水质方面，应防治水污染，维持水质良好状态，要养活和消除有害物质进入水环境，加强水污染的防治和监督。

我国淡水资源虽然总量较多，但按人口、耕地平均占有水平很低与世界上许多国家相比，问题比较严重。尽管我国河川径流总量居世界第六位，仅低于巴西、俄罗斯、加拿大、美国和印度尼西亚，但是由于我国国土辽阔，人口众多，按人口、耕地平均，人均和亩均占有量均低于世界平均水平。人均占有量为世界人均占有量的四分之一左右，亩均占有量仅为世界亩均占有量的四分之三。据对149个国家和地区的最新统计，中国人均占有量已经退居世界一百一十位。因此，正确处理好水及人和人及于水两方面的关系比世界上任何一个国家都艰巨复杂。

我国淡水资源在地区上分布不均，水土组合不平衡。我国的水量和径流深的分布总趋势是由东南沿海向西北内陆递减，并且与人口数的分布不相适应。

我国降水及河川的年内分配集中，年际变化大，连丰连枯年份比较突出。我国主要河流都出现过几年来水较丰和几年来水较枯现象。例如黄河在过去几十年中曾出现过连续九年（1943—1951）的丰水期；在近几十年内也曾出现过连续二十八年（1972—1999）的少水期，其中断流21年，而且1991—1997年是年年断流，总断流时间是717天，平均每年断流102.4天。降水量和径流量在时程上的这种剧烈变化，给淡水资源的利用带来困难。要充分利用淡水资源势必修建各种类型的水利。

如果从淡水资源人均占有量上说，我国缺水主要是指北方区域的话，那么，淡水资源的污染却是一个具有全国性的问题。而且，越是丰水区和大城市，越是人口密集地区，往往污染越是严重。结果丰水区出现水质性缺水的现象。这是中国淡水资源更为严重的问题。最近，中国水利部门对全国约700条大中河流近10万千米的河段进行水质检测，结果是近二分之一的河段受到污染，十分之一的河段被严重污染，不少河水已失去使用价值。另据调查，目前全国有90%以上的城市水域，受到不同程度的污染；在部分流域和地区，水污染已从江河支流向干流延伸、从地表向地下渗透、从陆域向海域发展、从城市向农村蔓延、从东部向西部扩展。近年来中国废水、污水排放量以每年18亿吨的速度增加，全国工业废水和生活污水每天的排放量近1.64亿吨，其中约80%未经处理直接排入水域。

用水效率低和过度开发并存是我国水资源利用问题之一。首先是用水效率低，而且，越是缺水的地方，效率就越低。比如，严重缺水的黄河流域，农业灌溉大量采用的还是大漫灌方式。宁夏、内蒙古灌区，每亩农地平均用水量都在1000立方米以上，比节水灌区高几倍到十几倍；农业用水利用率普遍偏低，目前，生产单位粮食的用水量是发达国家的2～2.5倍。农业用水如此，工业用水也是如此。目前中国工业用水重复利用率远低于先进国家75%的水平，单位GDP用水量是先进国家的十几倍到几十倍，一些重要产品单位耗水量也比国外先进水平高几倍，甚至几十倍。

更令人担忧的是，对淡水资源过度开采的情况日趋严重。比如，海河流域，是中国人口最密集的地区之一，包括北京、天津、河北大部分地区和山东、山西、内蒙古、河南部分地区，区域内有26个大中城市。这个地区也是中国最为缺水的地区，人均只有293立方米。这些年来，这里的社会经济的状况发生了很大变化。同20世纪50年代比，人口增加1倍，灌溉面积增加6倍，GDP增加30多倍，使得总用水量增加了4倍，大大超过淡水资源的承载力。结果，地表水、地下水长期过度开采，开采率达到98%，远远超出40%的警戒线。据水利部提供的数据显示，全国地下水超采区已从20世纪80年代的56个，扩展到目前的164个，超采面积也由8.7万平方千米扩展到18万平方千米；年均地下水超采量超过100亿立方米，有6万多平方千米的地面出现不同程度的沉降。一方面，中国的淡水资源就不够丰富；另一方面，用水的浪费，水质的严重污染，使得可用淡水更加紧张。从20世纪80年代以来，中国的缺水现象由局部逐渐蔓延至全国，对农业和国民经济带来了严重影响。据统计，在正常年景下，中国缺水总量估计已达400亿立方米，“十五”期间，农田受旱面积年均达到3.85亿亩，平均每年因旱减产粮食350亿千克。全国农村有3.2亿人饮水不安全。有400余座城市供水不足，较为严重缺水的有110座，缺水和水的污染，对环境和人的身心健康都产生严重的影响。

◎森林资源

我国森林资源面积在1991年为128.63万平方千米，森林覆盖率为13.4%，人均森林面积不到世界人均水平的15%。森林蓄积量由20世纪80年代初的每年0.3亿立方米“赤字”，增加到现在的0.39亿立方米盈余，这表明我国森林的可持续发展已有良好的势头。

但是，用材林的消耗量仍然高于生产量，森林质量不高，郁闭度偏低，大片的森林继续受到无法控制的退化、任意改作其他用途、农村能源短缺以及森林病虫害的危害。要消灭用材林的“赤字”和森林的破坏或退化，则要采取一致的紧急行动，大力培育森林资源，使公众了解森林的重大影响，并参与保护森林资源的各种活动。应加进退耕还林，及其他环保措施。

◎ 物种资源

生物物种资源是指具有实际或潜在价值的植物、动物和微生物物种以及种以下的分类单位及其遗传材料。专家介绍说，每个生物物种都包含丰富的基因，基因资源的挖掘可以影响一个国家的经济发展，甚至一个民族的兴衰。例如，水稻雄性不育基因的利用，创造了中国杂交稻的奇迹。生物物种资源的拥有和开发程度，已成为衡量一个国家综合国力和可持续发展能力的重要指标之一。

我国是世界上生物多样性最丰富的国家之一，可以说物种资源丰富，但是破坏程度也很严重。1999 年的一项调查表明，我国部分畜禽种质资源已经灭绝，严重濒危的畜禽品种达 37 个。

非法收集、采挖、走私、私自携带出境等，使生物物种资源大量丧失和流失。有些外国公司或外国专家在我国各地搜集珍贵花卉植物资源，导致大量珍贵花卉资源，特别是兰科植物资源遭到破坏和流失。

国家级自然保护区——锡林郭勒大草原

这种状况已经引起国家的高度重视，各级政府正采取措施加大保护力度，力求使这种不利局面得到缓解。经过多方多年的努力，可以说取得了一定的成绩，至 2004 年年底，我国共建自然保护区 2194 处（其中国家级自然保护区 77 处），面积达 14822. 6 万公顷，占国土面积的 14. 8%。鼎湖山、长白山、卧龙、梵净山、武夷山、锡林郭勒、博格达峰、神农架、盐城和西双版纳等 10 处自然保护区被联合国教科文组织列入“国际生物圈保护区网”。扎龙、向海、鸟岛、鄱阳湖、东洞庭湖、东寨港等 6 处自然保护区列入“国际重要湿地名录”。

◎矿产资源

矿产资源在国民经济发展中具有举足轻重的作用。据统计，我国95%以上的能源、80%以上的工业原材料、70%以上的农业生产资料来自于矿产资源。如前所述，我国是世界上少有的几个资源大国之一。新中国建立以来，矿产资源开发利用也取得了举世瞩目的成就。到目前为止，我国的煤炭、水泥、钢、硫、铁矿、10种有色金属以及原油产量已跃居世界第一位至第五位。我国已成为世界少数几个矿业大国之一，矿业已成为整个国民经济持续发展的重要基础。但是，由于中国人口众多以及政策和管理方面的诸多问题，中国矿产资源及其开发利用中的问题也十分突出，主要表现在以下几个方面：

（1）许多矿山后备资源不足或枯竭，未来资源形势十分严峻。2000年，不少矿山，特别是东部地区的一些矿山的生产能力大量消失，铁、煤、铜、金等重要矿产生产能力消失10%～70%。到2010年，45种矿产已探明有半数以上不能保证建设的需要，资源形势日趋严峻。特别是一些能源基础性矿产、大宗支柱型矿产不能满足需要，对国民经济和社会发展将带来重大制约。到2020年后，45种矿产中大多数矿产将不能保证需要。

（2）矿产资源开发利用率低，浪费大。据对全国719个国有坑采矿山的调查，有56%的矿山回采率低于设计要求。全国矿产开发综合回收率仅为30%～50%，全国金属矿山矿井开采回采率平均为50%，国有煤矿矿井回采率仅50%，乡镇煤矿10%～30%，一些个体煤矿回采率在10%以下，资源总回收率为30%。矿产资源综合利用率低。据对1845个矿山的调查，全国50%的矿山有益伴生综合回收率不到25%。二次资源利用率低。我国废铝回收只占全国铝产量的1.12%，锌不到6%，铁只有15%，工业用水循环使用率仅40%。国民经济发展对资源消耗强度过大，单位资源的效益大大低于发达国家。据国家统计局资料，1952～1988年，我国国民收入按可比价格计算增长为8.6倍，而同期能源消耗增长了16倍，生铁增长26.3倍。

（3）矿产资源开采利用中的环境问题严重。据统计，我国因矿产采掘产生的废弃物每年约为6亿吨。由于固体废弃物乱堆滥放，造成压占、采空塌陷等损坏土地面积达2万平方千米，现每年仍以0.025万平方千米速度发展。矿产资源的不合理利用，尾矿及废气、烟尘的排泄，造成了水体和大气的严重污染。我国火电厂中小型发电机组发电煤耗高出发达国家约30%，大量中小型水泥厂的水泥排尘量在3千克/吨水平。目前全国工业固体废物历年积存量超过60亿吨，而其综合利用率仅40%，处理率低，严重地污染了地下水和地表水体。

（4）矿产资源尚未形成强有力的有效的统一的政府和社会管理。资源无偿使用的现象还没有完全扭转，尚未建立矿权的流转制度，缺乏完善的资源核算制度和资源价值管理，资源的消耗补偿尚未形成合理机制。

◎地质一自然灾害

我国处于太平洋板块和印度板块之间，自古以来就是一个自然灾害频发的国度。在我国的历史上，水旱灾害、地震及其他地质灾害频仍，可以说，中华民族的历史，便是一部与自然灾害斗争的历史。

特别是20世纪下半叶以来，人口的急剧增长、自然资源大规模的不合理开发及人为因素诱发或直接造成了更加惨烈的地质——自然灾害。

地　震

我国处于地球两大地震带的交接处，震灾可想而知。13世纪以来，世界发生8次死亡10万人以上的特大地震，我国就占了4次。进入20世纪以后，全世界共发生死亡万人以上的地震27次，我国又占了6次。其中2008年5月12日发生的四川地震，死者和失踪者的总数达到了8万余人。20世纪以来，我国因地震而死亡的人数超过了近60万，占同期全世界地震死亡总数的44.2%。

水　灾

在我国，一般年景水旱灾造成的经济损失占全部自然灾害的60%还要多。从公元前206～公元1949年的2155年间曾发生过的较大水灾就有1029次，平均两年一次。公元前206年以前因无确切记载而无法统计。1949年以后，平均每年洪涝灾害面积约1000万公顷，受灾面近10%，其中400万公顷的农田减产30%以上，累计损失粮食100亿千克。因水灾而死亡的人数超过了1.2万。

1998年我国一些地方遭受严重的洪水灾害，长江发生了自1954年以来的又一次全流域性大洪水，松花江、嫩江出现超历史记录的特大洪水。初步统计，全国共有29个省（区、市）遭受了不同程度的洪涝灾害，受灾面积3.18

亿亩，成灾面积 1.96 亿亩，受灾人口 2.23 亿，死亡 3000 余人，倒塌房屋 497 万间，直接经济损失 1666 亿元。

水灾所到之处

旱　灾

我国历史上曾发生特大旱灾不下百次，累计死亡几千万人，平均每次死亡 60 余万人，死亡人数占全部灾害死亡人数的 78% 还要多。

泥石流

我国的泥石流沟多达 1 万多条，绝大部分集中于四川、西藏、云南、甘肃。川、滇以雨水泥石流为主，青藏高原以冰雪泥石流为主。全国受泥石流威胁的县城达 70 座。

地面沉降

我国中、东部已有 38 座城市因过量抽取地下水而出现地面沉降，严重的还出现了地下管道断裂、建筑物毁坏。上海、天津、北京等大城市地区沉降最为突出。2000 年最大沉降量达到 1069 毫米/年，沉降面积进一步扩大，大于 100 毫米的沉降面积可达 1000 平方千米以上。天津市由于过量抽取地下水，到 1985 年底市区最大累计沉降量已达 2.43 米，大于 1.5 米的面积达 71 平方千米，平均每年沉降量达 86 毫米/年。1986 年以后采取措施，减少地下水开采，市区沉降得到控制，但市区外围农业井的开采仍未得到有效控制，地下水位仍呈下降趋势，地面沉降不断

你知道吗

世界森林日

每年 3 月 21 日是世界森林日。近年来，由于消费国大量消耗木材及林产品，导致全球森林面积明显减少。全球每年消失的森林近千万公顷，这不仅仅是某一个国家的内部问题，已成为一个国际问题。

1971 年第七届世界森林大会决定将每年的 3 月 21 日定为世界森林日，以引起各国对人类的绿色保护神——森林资源的重视，通过协调人类与森林的关系，实现森林资源的可持续利用。

向外围扩展，并与毗邻的河北省一些地区连成了一片，估计沉降面积可达 13000 平方千米。东部沿海地区地面沉降加大了海水入侵、倒灌的危害，部分地区导致坝堤下沉，内涝积水。

拓展思考

破坏湿地的因素

近几百年来，湿地遭到了严重破坏。虽说湿地干涸是自然进程的必然结果，但当前不少湿地的迅速消灭与人类不合理的经济活动有重大联系。①土壤破坏是破坏湿地的一大因素。人类不合理使用土地，导致了土壤的酸化与其他形式的污染，这严重破坏了湿地内的生态环境。②环境破坏。比如水污染、空气污染。这一类污染造成了水体营养化、石油泄漏污染等重大破坏，导致成千上万的水生物及鸟类的死亡。③围湖、围海造田。这一类经济活动会直接地减少湿地面积。比如我国洞庭湖。当今地洞庭湖面积与几百年前的形成鲜明对比。